Carlos Rengifo Saavedra
Herminio Boira T.
José Luís Rubio

Suelos ácidos de la amazonia peruana. Mejora de su fertilidad

AF535416

Carlos Rengifo Saavedra
Herminio Boira T.
José Luís Rubio

Suelos ácidos de la amazonia peruana. Mejora de su fertilidad

Experiencias de investigación

PUBLICIA

Imprint
Any brand names and product names mentioned in this book are subject to trademark, brand or patent protection and are trademarks or registered trademarks of their respective holders. The use of brand names, product names, common names, trade names, product descriptions etc. even without a particular marking in this work is in no way to be construed to mean that such names may be regarded as unrestricted in respect of trademark and brand protection legislation and could thus be used by anyone.

Cover image: www.ingimage.com

Publisher:
PUBLICIA
is a trademark of
International Book Market Service Ltd., member of OmniScriptum Publishing Group
17 Meldrum Street, Beau Bassin 71504, Mauritius

Printed at: see last page
ISBN: 978-620-2-43041-8

Zugl. / Aprobado por: Valencia, Universidad Politécnica de Valencia, Tesis Doctoral, 2019

Copyright © Carlos Rengifo Saavedra, Herminio Boira T., José Luís Rubio
Copyright © 2019 International Book Market Service Ltd., member of OmniScriptum Publishing Group

DEDICATORIA

A mi esposa
Mercedes Margarita

A mis hijos
Carlos Josías, **Lidia Noemí** y **David**

A mis nietos
Hannah Sofía, Aaron Hadriel Alexander y
Allen Natan Coyle

A la memoria de mis padres
Josías Rengifo y **Sofía Saavedra.**
Que con su ejemplo me enseñaron,
a vivir para servir.

AGRADECIMIENTOS

Un agradecimiento muy especial, a los **Dres.**
Herminio Boira Tortajada y **José Luis Rubio Delgado.**
Por su paciencia, sabiduría y su visión experta
en la dirección de los trabajos experimentales.

Al **Dr. Francisco José Mora Mas**,
Rector de la UPV, por su apoyo moral y económico.

A todos mis colegas de la
Universidad Nacional de San Martín-Tarapoto (Perú),
que apoyaron en los trabajos de campo y laboratorio.

Prólogo

Entre uno de los componentes más críticos de los ecosistemas húmedos tropicales, tanto en las formaciones boscosas y sus etapas seriales como en las explotaciones agrícolas es, sin duda, el suelo.

Una explotación, tanto agrícola como forestal, que no tenga en consideración la escasez y dinámica de los nutrientes minerales en estos ecosistemas, está avocada a la inviabilidad y a dar paso a una pradera monótona de helechos, como es la "shapumba" (*Pteridium aquilinum*) en la amazonìa peruana.

El mantenimiento de sus características mecánicas, en especial como reservorio mineral y sus funciones nutricionales, cobra una mayor importancia dada la naturaleza del sustrato geológico y las características bioclimáticas de estos medios.

En el presente libro, el autor, Carlos Rengifo, Ph.Dr. Profesor de Edafología de la Universidad Nacional de San Martín de Tarapoto (Perú), presenta los resultados de un plan experimental para mejorar la calidad de los suelos, su estabilidad y una mayor producción y rentabilidad mediante la optimización de la cantidad de los nutrientes aportados por enmiendas órgano-minerales, combinando dosis y cultivos.

Va más allá de unos rendimientos favorables inmediatos o de economizar en los insumos del cultivo y contempla una productividad sostenible ligada a una conservación de las funciones nutritivas del suelo y a reducir los impactos que la actividad agrícola pueda tener sobre el medio natural.

El manejo de enmiendas, tanto orgánicas como minerales, permiten en mayor o menor grado, reducir y mantener las concentraciones de aluminio e hidrógeno por debajo de indices que hacen de los ultisoles un medio hostil tanto para los cultivos como para una futura recuperación de la vegetación natural.

El libro está basado en los resultados de la Tesis Doctoral que bajo el titulo de: "***Efecto de la aplicación de enmienda orgánica y mineral sobre la fertilidad de un suelo ácido ultisol de la amazonía peruana*"**, fue presentada en la Universidad Politécnica de Valencia (España) para aspirar al grado de Doctor Ingeniero Agrónomo.

El texto aporta soluciones para un futuro inmediato y son fruto de una vocación del autor como Ingeniero Agrónomo y como investigador.

Herminio Boira Tortajada
Profesor Emérito de la Universidad Politécnica de Valencia

ÍNDICE Pág.

Prologo
1. Introducción.. 1
1.1. Generalidades sobre la Amazonia Peruana.............................. 3
1.2. Suelos de la Amazonía, sus características y potencial agrícola.. 5
1.3. El departamento de San Martín y suelos ácidos existentes 6
1.4. Origen y características de los suelos ácidos 8
1.5. Los suelos ácidos y sus efectos sobre los cultivos................... 9
2. Trabajos Previos.. 1 2
2.1. Alternativas para el manejo de suelos ácidos...................... ... 12
2.2. Referencias sobre el humus de lombriz y la roca fosfórica como abonos orgánico y mineral... .. 14
2.2.1. Humus de lombriz.. .. 14
2.2.2. Roca Fosfórica 15
2.2.3. Experiencias sobre uso de abonos orgánicos y roca fosfórica en suelos ácidos 16
2.2.4.Experiencias de uso de enmiendas calcáreas 18
3. Investigaciones de campo.. 21
3.1. Descripción y características del área de experimentación 21
3.1.1.Ubicación. 21
3.1.2.Características edáficas 21
3.1.3.Características climáticas 22
3.2. Factores de productividad: Abono orgánico, mineral, enmienda, cultivos. 24
3.2.1. Humus de lombriz. 24
3.2.2 Roca Fosfórica de Bayovar.. 25
3.2.3. Enmienda calciomagnésica “Magnecal ”. 26
3.3. Cultivos a ensayar. 26
3.3.1. Características de las variedades de los cultivos evaluados 26
3.4. Metodologías aplicadas en las investigaciones. 28
3.4.1. Diseño Experimental. 28
3.4.2. Ejecución de experimentos. 31
3.4.3. Evaluaciones Realizadas. 34
4. Análisis de Resultados.. 36
4.1. Efectos de la enmienda RF – HL sobre rendimiento de cultivos
4.1.1. Primera campaña: rendimiento de maíz (var. marginal 28.) 36

4.1.2. Segunda Campaña: Rendimiento de cowpea var. San Roque. 41
4.1.3. Tercera Campaña: rendimiento de maíz 45
4.1.4. Cuarta Campaña: Rendimiento de soya 49
4.2. Efecto de aplicación de la enmienda Magnecal en los rendimientos de maíz (*Zea mays*) y soya (*Glycine max*). 53
4.2.1. Primera campaña. Rendimientos maíz (Zea mays L., var. INIA – 602). 53
4.2.2. Segunda campaña. Rendimiento cultivo de soya 55
4.3. Cambios en el suelo tras las experiencias con humus de lombriz (HL) y roca fosfórica (RF). 58
4.3.1. Evolución del pH 58
4.3.1.1. pH del suelo. Final de la primera campaña. .. 58
4.3.1.2. pH del suelo al final del experimento.......... 60
4.3.2. Contenido de Materia Orgánica (%).......... 65
4.3.2.1. Materia Orgánica del suelo a final de primera campaña. 65
4.3.2.2. Materia Orgánica del suelo al final del experimento. 67
4.3.3. Contenido de Fósforo disponible. 71
4.3.3.1. Fosforo disponible al final de la primera campaña. 71
4.3.3.2. Fósforo disponible al final del experimento... 73
4.3.4. Contenido de calcio + magnesio cambiable (cmol(+)/kg) 77
4.3.4.1. Calcio + magnesio cambiable (cmol(+)/kg) al final de la primera campaña. 77
4.3.4.2. Calcio + magnesio al final del experimento.... 80
4.3.5. Contenido de aluminio cambiable. 83
4.3.5.1. Aluminio cambiable al final de la primera campaña. 83
4.3.5.2. Aluminio cambiable al final del experimento.. 87
4.4. Cambios en el suelo tras las experiencias con Magnecal....... 91
4.4.1. Efectos sobre el pH.. 91
4.4.1.1. Valores de pH después de la aplicación de la enmienda. 93
4.4.1.2. Valores de pH después de la cosecha de maíz... 94
4.4.1.3. Valores de pH después de la cosecha de soya.. 94
4.4.2. Cambios en el contenido de materia orgánica.......... 96

4.4.2.1. Materia orgánica después de la aplicación de la enmienda. 97
4.4.2.2. Después de la cosecha de maíz...... 98
4.4.2.3. Después de la cosecha de soya......... 99
4.4.3. Fósforo disponible. 100
4.4.3.1. Fósforo disponible después de la aplicación de la enmienda. 102
4.4.3.2. Después de la cosecha de maíz.......... 103
4.4.3.3. Después de la cosecha de soya.......... 104
4.4.4. Potasio disponible.......... 105
4.4.4.1. Variaciones del potasio disponible.......... 107
4.4.4.2. Después de la cosecha de maíz.......... 107
4.4.5. Calcio cambiable. 109
4.4.5.1. Después de la aplicación de la enmienda.......... 110
4.4.5.2. Después de la cosecha de maíz.......... 111
4.4.6. Magnesio cambiable. 113
4.4.6.1. Después de la aplicación de la enmienda. 114
4.4.6.2. Después de la cosecha de maíz. 115
4.4.7. Contenido de calcio + magnesio cambiable.......... 116
4.4.7.1. Calcio + magnesio cambiable (cmol(+)/kg) después de soya.......... 117
4.4.8. Cambios en el Potasio cambiable. 118
4.4.8.1. K^+ cambiable después de la aplicación de la enmienda.......... 120
4.4.8.2. Después de la cosecha de maíz.......... 121
4.4.8.3. Después de la cosecha de soya.......... 121
4.4.9. Sodio cambiable.......... 123
4.4.9.1. Na^+ cambiable después de la aplicación de la enmienda. 124
4.4.9.2. Después de la cosecha de maíz. 125
4.4.10. Aluminio + Hidrógeno. 126
4.4.10.1. Después de la aplicación de la enmienda. 128
4.4.10.2. Después de la cosecha de maíz. 129
4.4.10.3. Después de la cosecha de soya.......... 130
5. Conclusiones.......... 132
5.1. Sobre rendimiento en grano de los cultivos tras aplicación de las enmiendas. 132
5.1.1. Dosis de humus de lombriz y roca fosfórica de Bayovar 132
5.1.2. Dosis de la enmienda Magnecal 133

5.2. Efecto de las enmiendas en algunas características químicas del suelo. 134
5.2.1 Efectos del humus de lombriz y roca fosfórica de Bayovar 134
5.2.2 Efectos del Magnecal........ 135
5.3. Análisis económico 137
6. Bibliografía........ 139

1. INTRODUCCIÓN

La acidez de los suelos, es uno de los factores críticos para el desarrollo de la vegetación y asimismo limitante para las prácticas y productividad de la agricultura, en la mayor parte de las áreas tropicales del mundo. Bajo estas condiciones, las disponibilidades de los macronutrientes requeridos por las plantas cultivadas son bajas e insuficientes para mantener una mínima y estable rentabilidad agrícola.

En el Perú, se estima que más del 60% de su área total tiene condiciones climáticas tropicales donde predominan los suelos de reacción ácida. Estos en su mayoría están clasificados dentro el orden de los ultisoles (Benites J, 1981; Sánchez P y Benites J, 1983). Dichos suelos se caracterizan por su bajo contenido en fósforo, calcio, magnesio y potasio, fundamentales para la nutrición vegetal y aun cuando puedan tener altos contenidos de materia orgánica, los niveles de nitrógeno disponible son también bajos, debido a problemas en la mineralización de la misma.

Contrariamente tienen altas concentraciones de aluminio, hierro y en algunos casos manganeso con efectos tóxicos para la mayoría de especies anuales comúnmente cultivadas como el maíz, el arroz, la soja, y frijoles, entre otras. Estos efectos son también patentes sobre cultivos permanentes, frutales u otros, con destino al autoconsumo o a la explotación comercial, los cuales al ser manejados bajo estas condiciones tienen un deficiente desarrollo y una baja o nula productividad.

Este tipo de suelos ocupan de forma natural extensas áreas en la región selvática, ubicadas tanto en selva alta (bosque tropical montano) como en selva baja (pluvisiva tropical). En éstas, los problemas de acidez de los suelos se intensifican, sobre todo, cuando son sometidos a procesos de deforestación sin reposición inmediata de la cobertura vegetal y más aún si están ubicadas en laderas.

En la región San Martín en particular, donde más del 80% del territorio es de topografía accidentada, con fuertes pendientes, precipitaciones que superan los 1200 mm anuales y cuyos suelos en su mayoría provienen de rocas con escasos contenidos de bases, el problema de la acidificación se acrecienta por los fenómenos de deforestación y la agricultura migratoria a la que son sometidas las tierras. Todo ello conduce a la pérdida de nutrientes de la capa arable por lavado y erosión.

Es así que se pueden apreciar extensas áreas de los denominados "shapumbales" y "cashucshales", formaciones vegetales constituidas fundamentalmente por helechos y gramíneas oligotrofas, propias de suelos en general con buenas características físicas, pero que están abandonadas para las prácticas agrícolas por sus limitaciones en nutrientes. En estas áreas predominan el helecho "Shapumba" (*Pteridium aquilinum (*L.) Kuhn) o la gramínea "cashucsha" (*Imperata cylindrica (*L.) Raeuschel), colonizadoras preferentes de suelos ácidos, sin utilidad agrícola.

Por otra parte, en estos suelos, las variedades de maíz que tradicionalmente siembran los agricultores tienen bajos o nulos rendimientos, al igual que la soja y otros cultivos que sirven para autoconsumo de las familias rurales, por ser muy susceptibles a la toxicidad del aluminio y deficiencias de calcio y magnesio.

Sin embargo, experiencias realizadas en diversas zonas tropicales, (Kamprath, J, 1967; Foy C, et al, 1969; Villagarcía, S. et al, 1976; Sánchez, P. y Salinas, S, 1983) indican que la aplicación de enmiendas orgánicas y minerales, como el humus de lombriz, la roca fosfórica y enmiendas dolomíticas, permiten recuperar los suelos ácidos. Estas constituyen fuente de nitrógeno, fósforo, calcio y magnesio para las plantas, favoreciendo la neutralización del aluminio, abundante en el complejo de intercambio catiónico y solución suelo, que es el causante de la toxicidad en los cultivos. No obstante la introducción de variedades obtenidas por selección y mejora genética (Kamprath, J. 1967; Castellanos, J. Z. 2014) constituye una técnica complementaria a las mejoras físico- químicas del suelo.

En el presente texto, a traves de los distintos capítulos se describen y evalúan resultados de los efectos de distintas dosis de humus de lombriz (HL) y roca fosfórica (RF) aplicados al suelo para determinar el efecto y su contribución a los rendimientos de variedades tradicionales de maíz, cowpea y soja sembrados en rotación. Asimismo se evalúan los resultados de una enmienda calciomagnésica (magnecal) y su efecto sobre los rendimientos de variedades mejoradas de maíz y soja, a fin de disponer de las dosis agronómica y económica apropiadas y su posterior implantación.

Por último se valoran los efectos inmediatos y residuales de las dosis y las combinaciones empleadas sobre la fertilidad del suelo y la recuperación de los mismos.

1.1 Generalidades sobre la Amazonía Peruana

Se conoce como Amazonía peruana, a la superficie del territorio nacional denominada políticamente como región de la Selva, que corresponde a la porción del país donde se origina la cuenca del río Amazonas. El ámbito posee una extensión de unas 76. 625 has (77'564 ha según M. Agricultura, 1977; 75. 686 según INE, 1982), lo que supone entre un 60. 4 % y 58. 9 % del territorio nacional. Esta zona tiene condiciones climáticas típicas del trópico, en general con altas precipitaciones, luz solar 12 horas al día y altas temperaturas que favorecen en forma natural el crecimiento de la vegetación boscosa que permanece en el tiempo.

El espacio de la Amazonía peruana o región de la selva, ha sido dividido en dos subregiones que son de uso común, ellas son: la selva alta y la selva baja (Fig. 1. 1). Esta división se basa principalmente en criterios de altitud, considerándose mayormente como Selva Alta las zonas cuya altitud supera los 300 m. s. n. m y selva baja aquellas por debajo de los 300 m. s. n. m. (Zamora, C., 1974). Existen 14 departamentos del Perú que tienen parte de su territorio en la selva, de los cuales 5 están íntegramente en ella: Amazonas, Loreto, Madre de Dios, San Martín y Ucayali (Verdera, F., 1984). La figura 1. 1, muestra las Regiones Naturales del Perú, resaltando la Amazonía peruana dividida en selva alta y selva baja.

En cuanto a clima la Amazonía peruana presenta alta variabilidad en el espacio y el tiempo. La Selva Baja o llano amazónico se caracteriza por un clima cálido tropical, con temperaturas promedio de 24-26°C, mínimas de 18-20°C, y máximas de 33-36°C. Las oscilaciones diarias de la temperatura (5-8° C) son mucho mayores que la variación del promedio anual (1-2°C). La precipitación varía entre aproximadamente 1 500 mm por año en el sur, y 3 000 mm en el norte. La humedad relativa es superior a 75%. Un fenómeno particular en la región es el llamado 'friaje', entre junio y julio, causado por la llegada de masas de aire de origen antártico, y durante el cual la temperatura puede disminuir hasta 10°C, particularmente en el sur (ERDBA, 2001).

En la Selva Alta, el proceso dominante es el levantamiento de aires húmedos desde el llano amazónico, provocando un continuo proceso de formación de nubes y lluvias. En la zona de Madre de Dios (selva Sur), el clima es estacional con marcadas épocas de lluvia; mientras que en el norte de Loreto no existe una época seca, aunque durante los meses de junio a septiembre las lluvias son menos frecuentes. Las temperaturas son altas en toda la región; sin embargo, estas disminuyen con el aumento de la elevación.(ERDBA,2001).

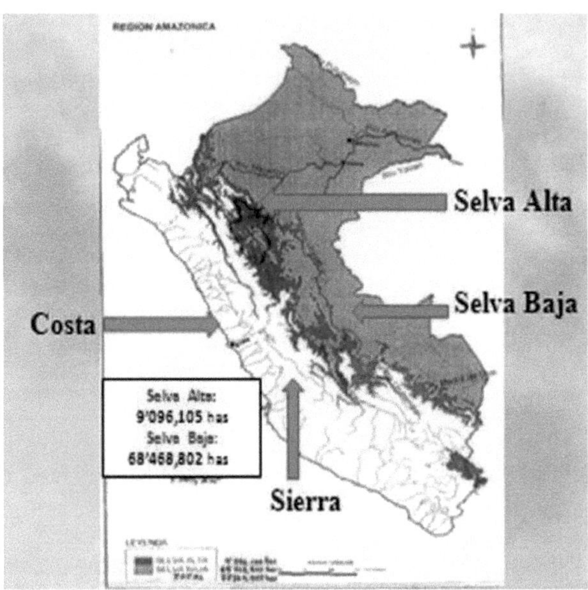

Fig. 1. 1 La Amazonia peruana y sus divisiones

1. 2 Suelos de la Amazonía, sus características y potencial agrícola.

Los suelos más comunes en la Amazonía peruana son los Ultisoles, que ocupan el 65% de la región (Tab. 1. 1), en especial en los terrenos de altura de la Selva Baja y en las terrazas antiguas o laderas de la Selva Alta (Sánchez, P. y Benites, J., 1983; Dourojeanni, M., 1990). Estos son suelos rojos y amarillos, ácidos y de baja fertilidad natural. Son usualmente profundos y bien drenados, exhibiendo un marcado incremento del contenido de arcillas con la profundidad. Además, por estar con frecuencia en laderas, son susceptibles a la erosión. Siguen en importancia los Entisoles, que son suelos jóvenes, de perfil poco diferenciado, que ocupan el 17% de la región.

Otro 14 % de la selva son Inceptisoles, es decir, suelos también jóvenes que muestran ligera diferenciación de horizontes. Gran parte de estos suelos están en "aguajales" (bosques con predominancia de la especie denominada "aguaje" (*Mauritia flexuosa L. f*), que crecen sobre suelos mal drenados y también en zonas escarpadas. Los que se encuentran en topografías favorables y que están bien drenados suelen ser fértiles, como en varios valles de la selva alta, en especial en el Huallaga Central, departamento de San Martín.

Los Alfisoles se parecen a los Ultisoles pero tienen menor acidez y superior fertilidad.

Tab. 1. 1: Extensión de los suelos predominantes de la Amazonía peruana. (Sánchez, P. y Benites, J., 1983)

Suelos dominantes	Área (Millones de has)	%
Ultisoles	49. 2	65
Entisoles	12. 8	17
Inceptisoles	10. 5	14
Alfisoles	2. 3	3
Vertisoles	0. 4	1
Molisoles	0. 3	-
Espodosoles	0. 1	-
Total	75. 6	100

La alta acidez, toxicidad por aluminio, deficiencia de fósforo, potasio, calcio, magnesio, azufre, zinc y de otros micronutrientes, así como baja capacidad de intercambio catiónico, son características que identifican a los ultisoles, lo que también indica alta lixiviabilidad. Además, los que tienen capas superficiales arcillosas tienen una alta capacidad de inmovilización de fósforo. Esto limita el desarrollo de los cultivos por la escasa disponibilidad de nutrientes minerales esenciales (Sánchez, P., y Benites, J., 1983).

1. 3 El departamento de San Martín y suelos ácidos existentes.

San Martín, está ubicado en el sector septentrional y central del territorio peruano, entre los paralelos 5°24´ y 8°47´de latitud sur, y entre los meridianos 75°27´y 77°48´de longitud oeste, comprensión de la gran región amazónica, zona de selva alta. Su clima predominante es cálido y húmedo, característico de las zonas tropicales. Posee una superficie de 51, 345. 96 Km^2, equivalente al 4. 1% del territorio nacional, donde viven un estimado de 743, 700 habitantes (INEI, 2008).

De acuerdo a estudios de clasificación de suelos según su capacidad de uso mayor, el departamento tiene un total de 666. 100 hectáreas de tierras con aptitud agropecuaria clases A, C y P (13. 0% del total), 569. 528 hectáreas con aptitud forestal, clase F (11. 1%) y el resto 3. 898. 968 (75. 9%) hectáreas, son tierras de protección, clase X (ONERN, 1983). La figura 1. 2 muestra en color amarillo la distribución de tierras con aptitud agropecuaria del departamento de San Martín.

Se estima que de la superficie con aptitud agropecuaria existente, en la actualidad el 40% viene siendo explotado (266. 440 has), mientras que el 60% restante (399. 660 has) se encuentra en condiciones de barbecho y bosque secundario. Gran parte de esta superficie muchos de ellos con suelos degradados por la inadecuada explotación practicada por los agricultores y convertidos en "shapumbales" o "cashucshales (Fig. 1. 3).

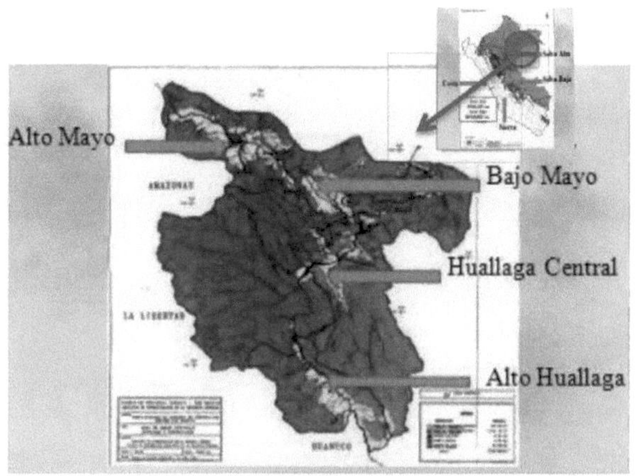

Fig. 1. 2: Mapa de San Martín y sus areas de potencial agrícola

Fig 1.3 "Shapumba" (***Pteridium aquilinum***), en suelo degradado.

El maíz es uno de los cultivos de mayor importancia en San Martín. Las áreas más representativas para el cultivo se encuentran en las zonas del Huallaga Central y Bajo Mayo (suelos alcalinos a neutros), los rendimientos promedios que se obtienen con variedades tradicionales como Marginal 28 tropical apenas llegan a las 2. 5 t/ha (Ministerio de Agricultura, 1998). En 1999, el departamento produjo 102,972 toneladas de grano en una superficie total de 47, 137 hectáreas, arrojando un rendimiento promedio de 2. 2 t/ha (INIA, 2000).

1. 4 Origen y características de los suelos ácidos.

La acidez de los suelos expresada por el pH, puede estar originada por distintas razones, siendo las más importantes (Tasistro, A, s. f):

- Por lavaje de cantidades apreciables de bases cambiables de las capas superficiales del suelo y su consiguiente reemplazo por hidrógeno y aluminio en el complejo de intercambio (Sánchez, P., y Buol, S., 1971; Fassbender, H., 1975; Villagarcía, S., et al, 1976).

- Por un alto contenido de materia orgánica en el suelo, que se descompone dejando libres entre otros ácidos funcionales carboxílicos, fenólicos, etc., de gran actividad química y que influyen en el pH. (Coleman, T. y Thomas, W., 1967; Kamprath, E. 1967).

- Por el uso de fertilizantes a base de sales nítricas y sulfatadas que al descomponerse en el suelo forman ácidos nítricos y sulfúricos (Vlamis, J., 1973; Pearson, W., 1971; Villagarcía, S., et al, 1982; Castellanos, J. Z. 2014).

En suelos bien drenados con altas precipitaciones, las bases cambiables son lixiviadas porque se encuentran disueltas en la fase líquida del suelo. La acidez proviene de los procesos que favorecen la pérdida de calcio, magnesio, potasio y sodio, y la acumulación de hidrógeno y aluminio

En términos generales los suelos de áreas tropicales húmedas, sometidas a altas temperaturas, exceso de lluvias y meteorización, presentan las características siguientes (Fassbender, H., 1986; Chung, F. 2014):

- pH entre 4 a 6
- Capacidad de intercambio catiónico entre 5 a 40 meq/100g de suelo.
- Porcentaje de saturación de bases entre 3 y 10%.
- Calcio cambiable inferior a 4 meq/100g de suelo.
- Magnesio cambiable inferior a 1 meq/100g de suelo.
- Potasio cambiable entre 0. 2 y 0. 8 meq/100g de suelo.
- Desbalance de cationes.
- Acidez cambiable entre 3 y 30 meq/100g de suelo.

En la mayoría de suelos ácidos la fracción arcilla está dominada por minerales de "baja actividad", en estos casos la materia orgánica participa de manera muy importante en el aumento de la capacidad de intercambio cationico de los suelos. A su vez, la materia orgánica presenta radicales con carga negativa, capaces de atraer cationes de la solución suelo (Uribe, B., 1987).

Por otra parte, la materia orgánica forma complejos con el aluminio y manganeso, de esta manera hace disminuir la cantidad de aluminio y manganeso en la solución suelo (Kamprath, E., 1981). Se indica asimismo, que cantidades relativamente altas de materia orgánica serían necesarias para obtener algún efecto positivo en reducir la toxicidad de aluminio en suelos ácidos minerales.

1.5 Los suelos ácidos y sus efectos sobre los cultivos

El factor más perjudicial para las plantas en suelos fuertemente ácidos es la toxicidad de aluminio que limita la degradación microbiana de la materia orgánica, si el pH es menor de 5 (Fassbender; H., 1986). En la Selva peruana predominan los suelos ácidos, con pH de 4. 5 y niveles tóxicos de saturación de aluminio de 70 a 90% (Benites, J. 1995).

A pH´s menores que 5 la mayoría de plantas tienen un crecimiento limitado y consiguientemente escasas o nulas producciones; esto se debe a los altos niveles de aluminio y/o manganeso intercambiables presentes en ellos y que provocan efectos nocivos en el desarrollo de las raíces de las plantas, disminuyen la absorción y translocación del calcio, magnesio, boro

y molibdeno, y crean la necesidad de cantidades considerables de fertilizantes fosfatados (Kamprath, E., 1967; Castellanos, J. Z. 2014).

Por otra parte, cuando la concentración del aluminio en el suelo alcanza niveles altos que la planta no puede tolerar, se manifiesta la toxicidad de este elemento alterándose el proceso de división celular en las raíces especialmente en los meristemos; las raíces principales tienen proliferación de raíces secundarias que son gruesas y poco ramificadas en raicillas finas. En casos severos de toxicidad de aluminio, a nivel foliar se presentan síntomas parecidos a la deficiencia de fósforo, tales como plantas raquíticas, pequeñas, color verde oscuro opaco, coloraciones púrpuras en los tallos, hojas, vainas foliares, ocurriendo amarillamiento o la muerte de las puntas de las hojas (Uribe, B., 1987; Castellanos, J. Z. 2014).

En virtud de estos precedentes se planteó como tema de investigación, el estudio de los efectos de determinados tipos de enmiendas orgánicas y minerales y sus combinaciones sobre los rendimientos de cultivos susceptibles y tolerantes a suelos ácidos, esperando mejoras por acción residual de los productos incorporados a los suelos tras los distintos ciclos de ensayo. Ello permitió establecer las bases para la recuperación de prácticas agrícolas en suelos ácidos degradados de la selva peruana y ofrecer alternativas de uso sostenible de los mismos.

2. TRABAJOS PREVIOS

2. 1 Alternativas para el manejo de suelos ácidos

Las limitaciones por acidez del suelo en un 70% están relacionadas con la toxicidad de aluminio y deficiencias de fósforo, calcio, magnesio y potasio, así como la baja mineralización de la materia orgánica (Sánchez, P y Salinas, S., 1983; Kamprath, H., 1967; Foy, D., et al, 1969; Villagarcía, S., et al, 1976. Tasistro, A. 2013.). Para resolver estos problemas se utiliza las alternativas siguientes:

- Caliza ($CaCO_3$), para reducir la saturación de aluminio por debajo de los niveles tóxicos para sistemas agrícolas específicos.
- Dolomita ($CaCO_3MgCO_3$), para suministrar calcio y magnesio para estimular su movimiento en el subsuelo.
- Combinaciones de cal dolomítica, roca fosfórica y abonos orgánicos.
- Tolerancia varietal de los cultivos.

En la actualidad, son escasos los cultivos de rentabilidad que soportan condiciones de extrema acidez, de allí que la práctica del encalado sea la más viable para hacer productivo al más breve plazo suelos que tengan limitaciones de uso por acidez (Sánchez, P y Salinas, A. 1983, Tasistro, A. 2013).

Kamprath. H. (1967), expresa que cuando se encala un suelo y se reemplaza el aluminio intercambiable de éste, el aluminio se hidroliza en solución formando hidróxido de aluminio e H^+ de acuerdo a la siguiente reacción:

$$Al^{+3} + HOH \rightarrow Al\,(OH)^{2+} + H^+.$$

Mientras el pH de la solución aumenta, la hidrólisis continúa con la formación de $Al\,(OH)_3$. La adición de $CaCO_3$ al agua, da por resultado la reacción que sigue:

$$CaCO_3 + HOH \rightarrow Ca^{2+} + HCO_3^- + OH^-.$$

Se recomienda que las adiciones de cal a los suelos deben basarse en el aluminio intercambiable y/o H^+, extraídos con una sal neutra "no buffer", los grados de Cal que neutralizan la mayoría de la acidez intercambiable, proveerá también el calcio adecuado para el crecimiento de las plantas (Kamprath, H., 1967).

Existen diferentes tipos de materiales encalantes, entre los más usados están enmiendas crudas como la caliza ($CaCO_3$) y la dolomita (CaMg $(CO_3)_2$); así mismo enmiendas cocidas, como óxido de calcio (CaO) ó cal viva, y el hidróxido de calcio (Ca $(OH)_2$) o cal apagada; éstos de acción inmediata (Thorne H, y Seatz N, 1963; Sánchez, Cl, 2006)

Por otro lado, pueden ser usados como materiales encalantes, carburo, desperdicios de fábricas de papel, de moluscos, cáscaras de huevo y caracoles, cenizas de leña, etc. (Millar, C, et al, 1962).

La efectividad de la enmienda, se determina por su pureza, expresada por su equivalencia de óxidos de calcio, poder neutralizante, y porciento de Ca y Mg (Thorne H y Seatz N. 1967; Sánchez, Cl, 2006).

Entre los beneficios de la aplicación de enmiendas calciomagnésicas en los suelos ácidos se indica que: produce suministro de calcio y magnesio, reduce la toxicidad de aluminio, mejora la disponibilidad del fósforo, nitrógeno y azufre, y produce acción estimulante sobre la actividad microbiana (Bernier, R y Alfaro, M. 2006).

Por otra parte, entre los efectos perjudiciales de un sobreencalado, se indica que: provoca inducción de deficiencia de potasio debido al desbalance catiónico entre este elemento con el calcio y magnesio y un exceso de saturación de estos dos elementos en el complejo de cambio; provoca así mismo deficiencia de ciertos elementos menores especialmente de fierro y manganeso; produce rápida descomposición de la materia orgánica presente y deterioro de la estructura granular del suelo (Martini, A. 1968)

La disponibilidad de nutrientes presentes en el suelo se relaciona con el pH de la solución. Al respecto, la concentración de los varios iones fosfato en las soluciones está íntimamente relacionada al pH del medio, así por ejemplo, el ión $H_2PO_4^-$ se favorece en un medio ácido, en tanto que el ión $HPO_4^=$ se favorece por encima de 7 (Tisdale, S. y Nelson, W, 1977).

Como regla general esquemática, la máxima disponibilidad de fósforo para la mayor parte de los cultivos ocurre con un pH que fluctúe entre 5. 5 a 7. 0. Zavaleta (1992), reporta que el fósforo es disponible como $H_2PO_4^-$ a pH entre 5. 5 y 6. 8; debajo de 5. 5 la solubilidad del fósforo decrece y entre 6. 8 y 7. 6 los iones $H_2PO_4^-$ y $HPO_4^=$ son iguales; encima de 7. 6 el fósforo puede ser precipitado por el calcio. El potasio por otro lado, tiene mayor disponibilidad a pH entre 6. 0 y 7. 5, siendo afectado por el calcio en suelos ácidos cuando estos son encalados, también la disponibilidad disminuye en medio alcalino y se incrementa a pH 8. 5. El calcio y magnesio se encuentran disponibles en medio alcalino.

Las relaciones de balance entre los cationes Ca, Mg y K que debe mantenerse en los suelos cuando se hace encalado para una nutrición equilibrada de las plantas se indica en la Tab. 2. 1.

Tab. 2. 1. - Relaciones de balance entre cationes básicos del suelo

Relaciones	Desbalance	Balance	Desbalance
Ca/Mg	<2	2 – 5	> 5
Ca/K	<5	5 – 25	>25
Mg/K	<2. 5	2. 5 - 15	>15
Ca + Mg/K	<10	10 - 40	> 40

Fuente: Bertsch, F, (1986)

2. 2 Referencias sobre el humus de lombriz y la roca fosfórica como abonos orgánico y mineral

2.2.1 Humus de lombriz

El humus de lombriz es un abono orgánico de muy alta calidad y alta asimilación por las plantas, es rico en enzimas que actúan sobre la materia orgánica, regenerando los suelos (Vitorino, 1994). Este abono cumple dos funciones en el suelo; como enmienda y como fertilizante. Se indica que como enmienda es un material orgánico que corrige problemas de acidez o alcalinidad del suelo (Ríos, B y Sánchez, M. 1993).

Sobre la importancia del uso del humus en los suelos se resalta lo siguiente (Ríos, B y Sánchez, M. 1993):

- Es un notable mejorador del suelo en áreas degradadas e infértiles.
- Actúa como sustancia activadora de microorganismos benéficos e inhibidora de microorganismos perjudiciales.
- Acelera la germinación de la semilla.
- Acorta el periodo vegetativo de los cultivos, debido a la presencia de fitohormonas (ácido indolacético y ácido gibberélico).
- Estimula el desarrollo de las plantas y mejora el olor, color y sabor de flores, frutos y aumenta la producción.
- Es la principal fuente de energía para los organismos que influyen a su vez en la nutrición, actividad respiratoria y crecimiento de las raíces, mediante el abastecimiento de carbono orgánico.

2.2.2 Roca Fosfórica

En el Perú se utiliza la Roca Fosfórica de Bayovar, que es un fertilizante mineral constituido por fluorapatita, carbonato de diatomita, fragmentos de fósiles, espículas de esponja, pequeñas cantidades de minerales ferromagnesianos y limonitas. Este abono mineral denominado también "fosbayovar", es un fosfato natural que sometido a un proceso de concentración por lavado y flotación llega a alcanzar una ley de 30. 5 % de P_2O_5.

En la composición mineral natural de la roca fosfórica (ENCI, 1980) la proporción de fosfato tricálcico es de 59. 74 %, y 9. 19 % de carbonato cálcico (Tab. 2. 2).

Tab. 2. 2. - Composición mineral de la roca fosfórica de Bayovar

Componentes	%
Fosfato tricálcico	59. 74
Floururo cálcico	4. 80
Sílice	3. 16
Carbonato cálcico	9. 19
Sulfato cálcico	2. 50

Una compilación de trabajos de investigación con el uso de roca fosfórica de Bayovar, establece algunas consideraciones para el uso directo de este abono mineral indicando lo siguiente (López, I. 1986):

- Deben ser de una concentración no menor de 25% de P_2O_5.

- La finura del material debe ser tal que el producto pase por lo menos en un 60% la malla 200.
- Debe ser usada en suelos pobres en fósforo y de reacción ácida.

2.2.3 Experiencias sobre uso de abonos orgánicos y roca fosfórica en suelos ácidos

En suelos ácidos de la selva peruana, en general los rendimientos de maíz son muy bajos. Al respecto, en ensayo donde se evaluó 11 variedades introducidas de maíz amarillo duro con tolerancia a acidez en la Estación Experimental San Roque de Iquitos, se encontró que para el tratamiento testigo (variedad local) el rendimiento fue de 0. 17 t/ha, mientras que la variedad INIA 602 rindió 1. 48 t/ha de grano (INIA, 2001). Lo anterior indica que para los suelos ácidos solo con aplicación de enmiendas y semilla tolerante se puede mejorar los rendimientos del cultivo.

El humus de lombriz es un abono orgánico que incorpora bacterias al suelo, entre ellas las bacterias nitrificantes que contribuyen a la mineralización del nitrógeno orgánico del suelo, incrementándose la asimilación del nitrógeno mineral. Sobre el particular, en un suelo ácido de la selva de Cuzco (Perú), la aplicación de 1. 5 t/ha de humus en forma localizada a un cultivo de tomate permitió obtener un rendimiento de 78 t/ha, considerando que con la cantidad de humus aplicada incorporaron 30 kg de N, 22 Kg. de P_2O_5 y 20 Kg de K_2O y teniendo en cuenta que con la producción obtenida el cultivo extrajo alrededor de 120 Kg de N/ha, deduciéndose que hubo nitrificación de nitrógeno orgánico por la presencia de bacterias nitrificantes (Vitorino, B. 1994).

La gallinaza es otro abono orgánico con que se ha trabajado en suelos ácidos de la selva peruana. Al respecto, en la zona de Aucaloma, Lamas (Perú) se evaluó efecto de niveles de gallinaza, 0, 10, 14, 17, 20 y 23 t/ha sobre la producción de maíz amarillo duro (var. Marginal 28 tropical) con aplicación localizada de roca fosfórica de Bayovar. Los rendimientos obtenidos para los niveles indicados fueron de 175, 888, 911, 1012, 1295 y 1360 Kg/ha, respectivamente, no encontrando diferencias significativas entre los tratamientos que recibieron el abono orgánico, pero sí entre todos ellos con respecto al testigo que tuvo un rendimiento exiguo (175 kg/ha). Lo anterior pone de manifiesto el efecto benéfico de la materia orgánica aplicada al incrementarse los rendimientos con el aumento de los niveles de gallinaza (Bernales, C. 1995),

En cuanto a roca fosfórica, experiencias realizadas en Yurimaguas, región selvática del Perú, aplicando Roca Fosfórica de Bayovar en diversos cultivos anuales, mostraron que este abono mineral reaccionaba rápidamente en dichos suelos y proporcionaba buena disponibilidad de fósforo para el primer cultivo. Así mismo se indica que las rocas fosfatadas son más reactivas en suelos ácidos y generalmente cuestan una tercera a una quinta parte de lo que cuesta el superfosfato triple por unidad de P_2O_5, (Bandy, et al, 1983; Sánchez, P y Benites, J. 1983).

Evaluaciones realizadas en el programa de recuperación de suelos ácidos de calzada-Moyobamba, trabajando con Roca Fosfórica de Bayovar y encalado bajo la forma de cal apagada ($Ca(OH)_2$), se encontró que estos materiales eran eficientes para el control del aluminio y el incremento en el rendimiento de cultivos de arroz, maíz y frijol hasta en un 100%. Al respecto, el uso de 2 t/ha de cal apagada y 200 kg de P_2O_5/ha como roca fosfórica fueron los más sobresalientes (Rengifo, C e Hidalgo, E. 1988). Tab. 2. 3.

Tab. 2. 3: Rendimientos de cultivos con y sin cal en suelo ácido de Perú

Cultivos	**Rendimiento (kg/ha) Sin cal**	**Rndto (kg/ha) con Cal apagada**	**Rndto (kg/ha) con Cal + NPK (RFB)**
Arroz	1000	1555	2511
maíz	374	1050	1864
frijol	32	647	1053

Por su parte, Otra experiencia realizada en un suelo ácido de la Banda de Shilcayo, Tarapoto (Perú), donde se evaluó dos fuentes y tres niveles de fósforo en el cultivo de maíz, trabajando con roca fosfórica de Bayovar y superfosfato triple de calcio en niveles de 60, 90 180 y 270 Kg/ha de P_2O_5, Se encontró que los mayores rendimientos se logró con Roca Fosfórica de Bayovar en sus niveles más altos dando un rendimiento en el cultivo de 1865 kg/ha, superando al superfosfato triple de calcio que solo alcanzo 750 kg/ha también en su nivel más alto (Chappa, C. 1994).

Finalmente, Aguirre, G (1996), al efectuar experimentos en la UNA, La Molina con suelos ácidos de la sierra peruana evaluó fuentes de P en el rendimiento de la papa, con énfasis en roca fosfatada y fuentes orgánicas, aplicando 160 kg. de P_2O_5, 160 kg de N, 120 kg de K_2O, encontró que tanto la roca fosfórica de Bayovar como las fuentes orgánicas (guano de islas rico y fosfohumus) tuvieron buenos rendimientos con 30. 8 t/ha de papa.

2.2.4 Experiencias de uso de enmiendas calcáreas

Experiencias sobre el uso de enmiendas calcáreas para el control de acidez de suelos existen muchísimas tanto en el Perú como en otras zonas tropicales. Al respecto, se estudió a nivel de invernadero la toxicidad del aluminio en suelos de Tingo María (Perú) con pH 4. 2 y aluminio 3. 5 cmol (+)/kg de suelo, usando algodón como planta indicadora y se encontró que adiciones de 0, 2, 4, 6, 8 y 12 cmol (+)/kg de cal apagada al suelo, aumentó progresivamente el pH del suelo con la consiguiente disminución de la saturación de aluminio (Del Aguila, A., 1968). A su vez, los rendimientos de materia seca del cultivo aumentó hasta los 6 cmol (+)/kg de cal; niveles mayores provocaron disminución de rendimientos relacionada con la elevada cantidad de calcio en el suelo que ocasionó desequilibrio en las relaciones Ca/K y Ca/Mg y probablemente inmovilización de algunos macro y micronutrientes del suelo disminuyendo su absorción.

En Colombia, se encontró respuesta significativa a aplicaciones de carbonatos de calcio sobre el rendimiento de la caña de azúcar en suelos de cenizas volcánicas (Parra, J., 1971). Sin embargo, encalamientos sucesivos con una y dos toneladas de $CaCO_3$ por corte tuvieron un efecto detrimental.

En Yurimaguas (Perú), se evaluó el efecto residual en cuarta campaña de aplicaciones de cal apagada (Ca $(OH)_2$) de 0, 1, 2, 3 y 4 t/ha en los cultivos de maíz y soya. Los resultados mostraron que el maíz variedad PD (MS)6, alcanzó los máximos rendimientos con 2 t/ha de cal, incrementándose el rendimiento linealmente llegando hasta 2. 41 t/ha de grano. La soya variedad nacional, también respondió linealmente a la enmienda. En el suelo la saturación de aluminio bajó enormemente después de la aplicación del material calcáreo, pero aumentó en forma rápida y lineal después de 18 meses. Calcio + magnesio cambiable, permaneció relativamente sin cambio después del primer año de muestreo (Wade M y Sánchez, P., 1975).

Por otra parte, con suelos de un ultisol de Pucallpa (Perú) de pH 3. 9 y 3. 2 cmol (+)/kg de acidez extractable se efectuó un experimento a nivel de invernadero, probando 6 fuentes de enmienda calcárea a dos niveles de encalado y 3 fórmulas de fertilización, empleando maíz como cultivo de referencia. A partir de los resultados se encontró que la aplicación de la enmienda calcárea en una cantidad igual a la acidez cambiable fue suficiente para elevar el pH, y reducir la acidez extractable en todos los materiales, siendo los materiales calcáreos más finos las que tuvieron mayor eficiencia en neutralizar la acidez del suelo. Se indica sin embargo, que un alto grado de finura tuvo un efecto negativo para alcanzar el rendimiento máximo del cultivo. Los incrementos en rendimiento de materia seca del maíz con la adición de cal, estuvieron relacionados con la absorción de calcio y magnesio por las plantas (Villachica, H y Buendía, H. 1976).

Evaluando el efecto residual de las enmiendas calcáreas del experimento anterior en invernadero se encontró que las dosis más altas de cal ($CaCO_3$), 8 cmol (+)/kg, tuvieron el mayor poder neutralizante en todos los materiales, determinando que el efecto residual de cada material es variable, lo cual está relacionado con su respectiva eficiencia. Los valores de pH del suelo disminuyeron en todos los tratamientos por el efecto acidificante ocasionado por los fertilizantes aplicados. A su vez la acidez extractable sufrió un aumento que se relaciona con la disminución del pH del suelo (Villachica, H y Pérez, D. 1978).

En un experimento de campo, en un suelo ácido pH. 4. 9, de la zona de La Libertad, se evaluó la tolerancia de 3 variedades de papa al aluminio presente en el suelo aplicando diversos niveles de encalado. Los resultados mostraron no tener diferencias en el rendimiento del cultivo con aplicaciones de 2 y 4 t/ha de $CaCO_3$, y concluyen que la dosis de 2 t/ha de $CaCO_3$ fue suficiente para neutralizar el aluminio del suelo (Villagarcía, S, et al, 1976).

Otro experimento se llevó a cabo en invernadero con un suelo de pH 4. 8 donde aplicaron 2 t/ha de $CaCO_3$, 160 ppm de N y K_2O, probando diferentes niveles y fuentes de P_2O_5 en el cultivo de papa. En general la aplicación de carbonato de calcio produjo un incremento de 70% en el rendimiento, y afectó positivamente la eficiencia de la fertilización fosfatada (Villagarcía, S, et al 1976).

En la Estación Experimental de Yurimaguas, se evaluó la respuesta de los cultivos de maíz y soja a la aplicación de cal apagada ($Ca(OH)_2$), potasio, magnesio y micronutrientes. Los resultados dieron una fuerte respuesta del maíz y soja a la cal y el magnesio con dosis de 2 t/ha de cal y 30 kg/ha de magnesio. La soya también respondió a la aplicación foliar de micronutientes. Dosis de 1. 0 a 2. 0 t/ha de cal aumentaron el rendimiento de soja de 1. 5 a 2. 5 t/ha de grano; los testigos sin cal tuvieron bajos rendimientos de 0. 19 y 0. 44 t/ha de maíz y soya, respectivamente (Villachica, H y Sánchez, P. 1977).

En experimento sobre control de la toxicidad de aluminio en el cultivo de la papa, trabajando con suelos ácidos de la selva (Pucallpa y San Ramón) en condiciones de invernadero, a los que aplicó diferentes niveles de Al (2, 4, 6 y 8 cmol (+)/kg) y una cal a 2 niveles de aplicación (2 y 4 cmol (+)/kg); encontró que la cal influía elevando el pH de los suelos y neutralizando el Al con disminución de su saturación en la C. I. C. Pero que para los suelos de Pucallpa no hubo respuestas al encalado en cuanto a producción del cultivo, debido a que estos fueron muy pobres en cuanto a contenidos de NPK (Villagarcía M. 1982).

Experiencias sobre efectos del encalado realizados en suelos de Costa Rica (Andosoles y Latosoles) refiere los siguientes (Fassbender, H. 1984):

- Produce cambios de pH aumentando en relación directa al aumento de las dosis de cal.
- Provoca liberación de calcio y magnesio que paulatinamente desplazan al aluminio e hidrógeno del complejo de intercambio.
- La acidez cambiable (Al + H) disminuye proporcionalmente al aumento de calcio y magnesio cambiables. El potasio cambiable permanece constante e independiente del encalado y cambio de pH.
- Las relaciones de base Ca + Mg tienen una gran influencia del encalado. Una dosis excesiva de cal provoca disminución de cosechas, debido al desbalance catiónico entre Ca, Mg y K ó por deficiencia de algún otro elemento nutritivo.

En un suelo ácido de la Estación Experimental de Georgia- USA, evaluaron entre 1970 a 1986 el efecto del encalado sobre el crecimiento y producción de maíz, soya y maní. Aplicaron caliza dolomítica ($CaCO_3MgCO_3$) en dosis de 0, 1, 2, y 4 t/acre. A partir de sus resultados informan que la cal incrementó el pH en relación directa a las dosis aplicadas, pero hubo variaciones de un año para a otro. El calcio y magnesio también subieron en relación directa a las dosis de cal y disminuyeron con el tiempo en forma variable. Igualmente, los rendimientos de soya crecieron relacionados con las dosis de cal durante tres años y de maíz en solo dos años, mientras que los de maní no fueron influenciados por los tratamientos. Durante el período de 17 años las más altas tasas de retorno de los cultivos fue con la más baja dosis de encalado (1 t/acre) y un promedio de pH de 5. 9 (Parker, M, et al, 1988).

En un ultisol de Venezuela se evaluó el efecto del encalado en la producción de 4 variedades de caña de azúcar. Al respecto, se probó dosis de 0, 1, 2, y 3 t/ha de $CaCO_3$ y los resultados indican que las variedades más tolerantes dieron mayores rendimientos. Adicionalmente la disponibilidad de calcio aumentó considerablemente a los 30 días de encalado. Sin embargo, después del año la disponibilidad del calcio se redujo atribuyéndose a uso por la planta y/o por lixiviación. El fósforo y el potasio también disminuyeron (Tenías, J. 1989).

Finalmente, en el Alto Mayo departamento de San Martín, en suelos ácidos de calzada, se realizó la incorporación de caliza dolomítica molida en el cultivo de arroz bajo riego, con la finalidad de subsanar la deficiencia de calcio y magnesio y ver su efecto sobre el rendimiento del cultivo. La dosis empleada fue de 2. 0 t/ha de caliza gruesa y fina habiendo obtenido un rendimiento de 5, 380 kg/ha de arroz cáscara en un suelo ácido, sin aplicación de otros fertilizantes. Del resultado anterior concluyen que el incremento logrado de 1. 3. t/ha en el rendimiento comparado con el testigo sin aplicación, justifica los costos de la incorporación de la caliza dolomítica (FUNDAAM, 1999).

3 INVESTIGACIONES DE CAMPO

3. 1 Descripción y características del área de experimentación

3. 1. 1 Ubicación

Las investigaciones se realizaron en un terreno propiedad de la Universidad Nacional de San Martín. Esta zona pertenece a la jurisdicción del caserío de Aucaloma, distrito de San Roque de Cumbaza, provincia de Lamas. Geográficamente está ubicada a 6° 27' latitud sur y 76° 30' longitud Oeste y una altitud de 650 m. s. n. m.

3. 1. 2 Características edáficas.

Taxonómicamente los suelos del lugar donde se ejecutaron los experimentos, están clasificados dentro el Orden de los Ultisoles (Paleudult típico), serie Tarapoto Amarillo, constituido por suelos desarrollados sobre materiales residuales de areniscas ácidas. Poseen topografías ligeramente onduladas a onduladas, muy profundos, con desarrollo genético de color pardo fuerte a rojo amarillento. La textura va de arenosa a franco arenosa en los horizontes superficiales y franco arcillosa a arcillo arenosa en los horizontes más profundos (Fig 3. 1). Son de reacción extremadamente ácida a muy fuertemente ácida (pH 4. 0 – 5. 0), bajos a medio de materia orgánica, baja CIC, con contenidos de bases que disminuye con la profundidad y contrariamente aumenta la presencia de aluminio, alcanzando niveles que están entre 64 y 74 % de saturación (ONERN, 1983).

Las características físico-químicas específicas de los suelos donde se realizaron los experimentos, se indican en las Tab. s 8. 3 y 8. 4 (ANEXO).

Fig. 3.1 Perfil del suelo ultisol donde se realizaron las investigaciones.

3. 1. 3 Características Climáticas

Climatológicamente la región San Martín se caracteriza por tener una temperatura de 25°C promedio anual y fluctúa entre una máxima de 33°C y mínima de 20 °C. Aunque la temperatura no fluctúa mucho, los meses de junio y julio son más frescos y los meses de noviembre a febrero más cálidos. La humedad relativa promedio es 80%. Esta humedad relativa fluctúa entre 75% en los meses más secos y en 85% en los meses con mayor presencia de lluvias. La precipitación anual varía entre 800 mm y 1, 800 mm y reflejan las condiciones típicas de la selva alta. La precipitación durante el año se mantiene, con temporadas más secas (junio a noviembre) y temporadas más lluviosas (febrero a mayo). (CEDISA, 2003).

La figura 3. 2, muestra las variaciones existentes en cuanto a condiciones climáticas de la zona durante el año.

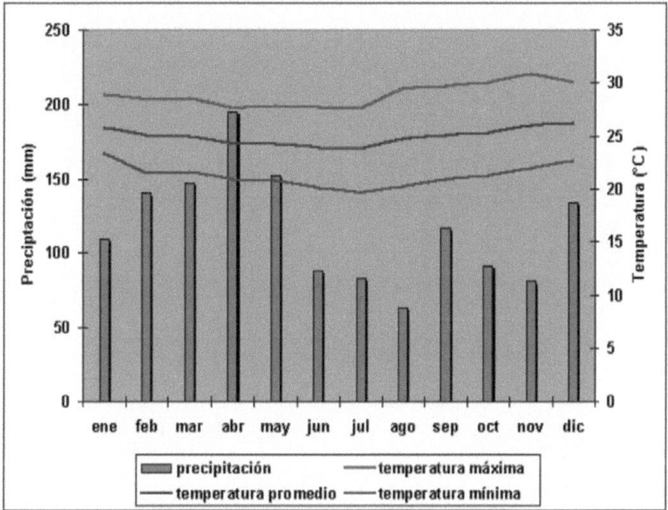

Figura 3. 2 : Referencia climática 1991-2001 en la región San Martín. (CEDISA, 2003)

Ecológicamente la zona donde se desarrolló las investigaciones pertenece a un bosque húmedo-Premontano Tropical (bh-PT), con clima cálido ligeramente húmedo (ONERN, 1983).

Durante el período de ejecución de los experimentos (Octubre 2003 a Mayo 2007), se recogió información climática referidas a temperaturas medias (Estación CO Lamas) y Precipitaciones mensuales (Estación PLU San Antonio de Cumbaza), proporcionadas por el SENAMHI, oficina de Tarapoto. Con esta información se elaboró los diagramas climáticos para cada una de las investigaciones realizadas (Fig, 8. 1 y 8. 2 de ANEXO).

3. 2. Factores de productividad: Abono orgánico, mineral, enmienda, cultivos

3. 2. 1 Humus de lombriz

Se utilizó humus de lombriz proveniente del Instituto de Investigaciones de la Amazonía Peruana (IIAP). Las dosis evaluadas fueron: 0, 10, 15 y 20 t/ha. El análisis químico del humus aplicado se indica en la Tab. 3. 1.

Tab. 3. 1. - Análisis químico del humus de lombriz

Determinación	**Resultado**
pH	7. 2
Materia Orgánica	30. 0 %
Nitrógeno (N_2)	2. 1%
Fósforo (P_2O_5)	1. 9%
Potasio (K_2O)	2. 5%

Fuente: Laboratorio de suelos de la UNSM, Tarapoto

De acuerdo con Fuentes, V. (1987), Novak, A. (1990) y Gomero, L. (1991), las características que presenta el humus de lombriz son las siguientes:

a) Características Físicas:

Es de naturaleza coloidal con elevada capacidad de saturación de agua.

- No es plástico ni adhesivo, lo que permite usarlo como corrector de suelos arcillosos.
- Posee gran finura ejerciendo en terrenos arenosos una fuerte acción aglutinante de los materiales gruesos.
- La relación C/N tiende a estabilizarse entre 11 a 13, ideal para la mineralización del nitrógeno.
- Es de color pardo oscuro o negro y poroso, aumentando la absorción de las radiaciones caloríficas solares.

b) Características Químicas:

- Posee alta capacidad de óxido – reducción dando lugar a la formación de cargas negativas que constituyen el asiento de la retención de cationes esenciales para la planta.
- ElpHestá entre 6. 5 a 8. 0 con tendencia a neutro, permitiendo aplicarlo en cualquier dosis sin correr el riesgo de quemar los cultivos.
- Su contenido de materia orgánica varía entre 30 a 50% con 1 a 3% de nitrógeno total.
- El fósforo varía de 0. 5 % a 2. 0 % de P_2O_5.
- El contenido de potasio va de 0. 5 a 3. 0 %

c) Características Biológicas:

- Es estable y biológicamente activo, teniendo una gran influencia sobre la vida microbiana del suelo.
- Es rico en enzimas y carga microbiana, actuando como una verdadera vacuna contra los microorganismos patógenos del suelo.
- Contiene de 40% a 50% de lignina, 30 a 35% de proteínas y de 3 a 5% de celulosa microbiales vivas y muertas.

3. 2. 2. Roca Fosfórica de Bayovar:

La Roca Fosfórica de Bayovar empleada como abono mineral, fue un material molido que se comercializa a nivel local como fuente de fósforo. El análisis químico de este abono registra un porcentaje de 30. 5 % de P_2O_5 y 47. 8 % de CaO (Tab. 3. 2). Las dosis evaluadas fueron: 0, 100, 150 y 200 kg de P_2O_5/ha.

Tab. 3. 2: Composición de la roca fosfórica molida

Elemento	**%**
Nitrógeno total	0. 10
P_2O_5	30. 50
Ca	21. 00
Mg	1. 34
CaO	47. 80
K_2O	0. 10

Fuente: ENCI (1980)

3.2.3 Enmienda calciomagnésica "Magnecal "

Se utilizó la enmienda calciomagnésica denominada comercialmente **Magnecal** (77% $CaCO_3$ y 19% $MgCO_3$), producido por la empresa Cementos Selva S. A. De Rioja, departamento de San Martín, Perú.

Las dosis aplicadas fueron cantidades crecientes del producto comercial Magnecal siendo éstas las siguientes: 0. 0, 0. 5, 1. 0, 1. 5, 2. 0, 2. 5, 3. 0, 3. 5 y 4. 0 t/ha.

3.3 Cultivos a ensayar

Los cultivos evaluados cuyas semillas procedieron de la Estación Experimental Agropecuaria "El Porvenir", Tarapoto, fueron:

- **maíz** (*Zea mays L*), variedad marginal 28 tropical
- **maíz** (*Zea mays L*), variedad INIA-602
- **cowpea** (*Vigna unguiculata L*), variedad San Roque
- **soja** (*Glycine max Merril*), variedad Nacional
- **soja** (*Glycine max Merril*), variedad Cristalina

3.3.1 Características de las variedades de los cultivos evaluados

a) **Maíz**

Maíz Marginal 28-Tropical, es la variedad de maíz más cultivada en la Amazonía peruana, creada en 1983 por el Instituto Nacional de Investigaciones y Promoción Agropecuaria (INIPA), Perú. Se ha formado en base a maíces cristalinos y dentados provenientes del Centro Internacional de Mejoramiento de maíz y Trigo (CIMMYT), México. Esta variedad, se adapta a condiciones calurosas de la selva, crece en todo tipo de suelos de vocación maicera y no tolera suelos muy ácidos.

Maíz INIA 602, es una semilla liberada de una continua investigación y selección de materiales genéticos de maíces tolerantes a la acidez provenientes del CIMMYT (México), evaluado en suelos ácidos de la región San Martín, Perú, sobresaliendo sobre otros materiales, (INIA, 2000).

Las características agronómicas de las variedades de maíz Marginal 28 Tropical e INIA 602, se resume en la tabla 3. 3.

Tab. 3 . 3. - Características agronómicas del maíz Marginal 28-T e INIA-602
Fuente: INIA, (2001)

Características	**Marginal 28-T**	**INIA-602**
Hábito de crecimiento	Erecto	Erecto
Altura de Planta	220 cm	160 a 180 cm
Altura de mazorca	110cm	80 a 100 cm
Días a la floración	55 a 60 días	52 a 58 días
Días a la maduración	110 a 120 días	110- 120 días
Color de grano	Amarillo	Amarillo
Textura del grano	Cristalino	Cristalino
Hileras de semilla por mazorca	12 a 14	12 a 14
Forma de la mazorca	Cilíndrica	Cilíndrica
Longitud de mazorca	14 a 18 cm	14 -18 cm
Rendimiento:		
- Suelos normales	5. 0 t/ha	5. 0 t/ha
- Suelos ácidos ($\leq$60% Sat Al)	No tolera acidez	3. 5 t/ha

b) Referencias sobre los cultivos de cowpea y soja

INIA (2001), refiere las características de las variedades del frijol cowpea y soja utilizados en los experimentos.

Frijol cowpea (*Vigna unguiculata L*), variedad "San Roque". Este cultivo se adapta a todo tipo de suelos, pero prefiere suelos de fertilidad media a alta, que sean francos arenosos, franco limosos y franco arcillosos, depHentre 5. 0 a 7. 0. Tolera la acidez del suelo, pero no la alcalinidad ni salinidad (Ministerio de Agricultura, 1998).

Soja (*Glycine max Merril*), es un cultivo que prefiere suelos franco a franco limosos, profundos, de fertilidad media a alta, bien drenados y conpHentre 5. 7 a 7. 5, no tolera suelos ácidos conpHmenores de 5. 5 y muestra toxicidad al aluminio.

La variedad **Nacional** es una de las más antiguas sembrada por los primeros agricultores que se dedicaron al cultivo de la soya en la región. Esta variedad se sembró en el primer experimento · (Dosis Humus-Roca).

La variedad **Cristalina**, es la más difundida actualmente entre los agricultores que cultivan soya en el Huallaga Central por la facilidad de obtener semilla en el mercado local y sus rendimientos alcanzan los 3600 kg/ha, (Zegarra, E. 2000). Esta variedad se sembró en el segundo experimento (Dosis Magnecal).

3. 4 Metodologías aplicadas en las investigaciones

3. 4. 1 Diseño Experimental.

Primer experimento: "Dosis de humus de lombriz (HL) y roca fosfórica de bayovar (RF)"

Factor Estudiado:
- **Tipos de enmienda**: 2
  . Humus de lombriz
  . Roca fosfórica de Bayovar
- **Dosis por factor**: 4
  . Dosis de humus de lombriz: 0, 10, 15 y 20 t/ha
  . Dosis de Roca fosfórica : 0, 100, 150, 200 kg P_2O_5/ha

El diseño experimental aplicado fue de Bloque Completo al Azar (BCA) adaptado a parcelas divididas con 4 repeticiones y 16 tratamientos (Tab. 3. 4), donde se consideró:
- Parcelas Principales: Dosis de humus de lombriz
- Subparcelas : Dosis de roca fosfórica

Las enmiendas se aplicaron íntegramente tras la preparación del terreno y antes de la primera siembra. Las características del diseño en campo se presenta en la Tab. 3. 5.

Tab. 3. 4. Tratamientos: Combinaciones de dosis de HL y RF		
N° Tratamiento	Dosis HL (t/ha)	Dosis RF (kg/ha P_2O_5)
1	0	0
2	0	100
3	0	150
4	0	200
5	10	0
6	10	100
7	10	150
8	10	200
9	15	0
10	15	100
11	15	150
12	15	200
13	20	0
14	20	100
15	20	150
16	20	200

Tab. 3. 5. Características del diseño en campo	
Bloques	
-N° bloques -	4
Largo de bloques	48 m
-Ancho de bloques	5 m
-Área bloques	240 m^2
Parcelas (Dosis de humus)	
-N° parcelas/bloque	4
-Largo de parcelas	12 m
-Ancho de parcelas	5 m
-Area de parcelas	60 m^2
Sub parcelas (Dosis de RF)	
-N° sub parcelas/parcela	4
-N° sub parcelas/bloque	16
-N° Total sub parcelas	64
-Largo sub parcelas	5 m
-Ancho sub parcelas	3 m
Area sub parcelas (unidad experimental)	15 m^2
- Calles entre bloques	1. 5 m
- Largo del campo -	48 m
- Ancho del campo	24. 5 m
- Area total del campo	1176 m^2

Cultivos ensayados

Primer Año
Fase 1. - **maíz** (*Zea mays L*), variedad marginal 28 tropical
Fase 2. - **cowpea** (*Vigna unguiculata L*), variedad San Roque
Segundo año
Fase 3. - **maíz** (*Zea mays L*), variedad Marginal 28 tropical
Fase 4. - **soja** (*Glycine max Merril*), variedad Nacional

Segundo experimento: "Dosis de Magnecal"

En el segundo experimento se aplicó el mismo diseño (BCA) con 9 dosis en tratamientos (Tab. 4. 6) y 4 repeticiones por dosis.

Tab. 4. 6. Tratamientos Evaluados	
N° Tratamientos	Dosis de Magnecal (t/ha)
1	0. 0
2	0. 5
3	1. 0
4	1. 5
5	2. 0
6	2. 5
7	3. 0
8	3. 5
9	4. 0

Se ejecutó en dos fases:
Fase 1. - maíz (Zea mays L), variedad INIA - 602.
Fase 2. - soja (Glicyne max Merril), variedad Cristalina

Tab. 4. 7 Características del diseño en campo, experimento "Magnecal"	
Bloques	
- N° bloques - Largo de bloques - Ancho de bloques - Área de bloques	4 45 m 6 m 270 m^2
Parcelas	
- N° parcelas/bloque - Largo de parcela - Ancho de parcela - Área de parcela (U. exp.) - N° total parcelas	9 6 m 5 m 30 m^2 36
- Calles entre bloques - Largo del campo - Ancho del campo - Área total del campo	1. 5 m 45 m 27 m 1215 m^2

3. 4. 2 Ejecución de Experimentos

Para la ejecución de experimentos en ambos casos se procedió siguiendo los pasos que a continuación se indican:

a) Preparación de Terreno y muestreo de suelos

La preparación del terreno se hizo empezando con la limpieza del campo mediante el corte manual de la vegetación existente, constituido por

Fig. 4, 3 Corte de shapunba

"shapumba" y otras especies herbáceas, en áreas y tamaños preestablecidos para cada experimento. Posteriormente se efectuó la mecanización pasando arado y rastra a una profundidad de 30 cm.

Fig. 4. 4. Arado de parcelas

Se efectuó muestreo de suelos luego de la preparación del campo. Al inicio tomando una muestra compuesta por cada bloque del área experimental (4) a una profundidad de 20 cm. Los muestreos posteriores fueron por cada unidad experimental. En el primer experimento se muestreó en dos oportunidades: Después de la primera cosecha de maíz y al final del experimento. En el segundo experimento se muestreó en tres ocasiones: luego del período de incubación de la enmienda, después de la cosecha de maíz y al final del experimento (después de la cosecha de soja).

b) Instalación de Experimentos y aplicación de enmiendas y abonos.

La instalación de experimentos se realizó siguiendo los diseños estadísticos propuestos para cada experimento. En el primer experimento se tuvo 64 unidades experimentales (16 cuadros x bloque) y en el segundo 36 unidades experimentales (9 cuadros x bloque). A su vez, en el primer caso la unidad experimental tuvo un área de 5m x 3m (15 m^2). En el segundo la unidad experimental un área de 5m x 6m (30m^2).

Se efectuó la aplicación de enmiendas y abonos (humus, roca fosfórica, magnecal) al voleo, de acuerdo con la distribución al azar realizada previamente para las unidades experimentales. Inmediatamente se incorporó los materiales con la ayuda de herramientas manuales uniformizando su distribución en cada parcela.

Figura 4. 5 Aplicación de enmiendas

c) Siembra y Manejo de los Cultivos

La siembra de los cultivos se efectuó en forma manual. Para el caso del maíz a un distanciamiento de 80 cm x 80 cm, a razón de 3 semillas por golpe. El cowpea se sembró a 75 cm x 20 cm y la soja igualmente a 75cm x 20 cm, 3 semillas por golpe. Posteriormente se efectuó un desahijado, dejando 2 plantas por golpe en todos los casos.

En cuanto a labores culturales, al inicio de los experimentos se realizó deshierbo entre los 20 primeros días después de la siembra, eliminando las malezas manualmente, en especial rebrotes de *Pteridium aquilinum* y *Rotboelia exaltata*. En las siguientes fases, los deshierbes se efectuaron con aplicación de herbicidas preemergentes para control de gramíneas, previo a la siembra de los cultivos.

En el primer experimento después de la cosecha de maíz en su primera fase, se hizo aplicación de cal apagada ($Ca(OH)_2$) 1t/ha, uniformemente en todas las parcelas con el fin de mejorar el abastecimiento de calcio al suelo y elevar elpHpara favorecer la mineralización de la materia orgánica. Para los cultivos de cowpea, maíz y soja posterior a la primera fase, se efectuó abonamiento foliar (10-10-20), uniformemente en toda la plantación. En el segundo experimento, luego de la siembra de maíz se hizo fertilización aplicando la fórmula 120-80-100 de N, P_2O_5 y K_2O, recomendado por el INIA (2000), utilizando como fuentes: Urea, superfosfato triple de calcio y cloruro de potasio. La aplicación de fertilizantes se realizó en forma localizada en hoyos a 10 cm de las plantas.

El control fitosanitario se realizó efectuando aplicaciones especialmente de insecticidas cuando aparecieron plagas en los cultivos. En maíz se presentó el "cogollero" (Spodoptera frugiperda) en las primeras etapas el cultivo. En cowpea y soja se presentaron la "diabrótica" (Diabrotica sp) y "grillos" (Gryllus assimilis).
Las cosechas se realizaron manualmente cuando los cultivos llegaron a su madurez fisiológica. Se cosechó dos surcos centrales por tratamiento en ambos experimentos.

3.4.3 Evaluaciones Realizadas

a) Rendimientos de grano de cultivos

Se evaluó los rendimientos de los cultivos en cada fase. Luego de la cosecha de los mismos en campo se procedió al secado y desgrane para el pesaje de rendimientos por cada unidad experimental. En todos los casos se ajustó el secado de los granos a 13% de humedad para proceder al pesado. Los rendimientos obtenidos en la parcela neta de cada unidad experimental se llevó a rendimientos en kilogramos por hectárea para elaborar los cuadros respectivos.

b) Determinaciones analíticas en cambios 52ísico- químicos de suelos

Los análisis físico – químicos de las muestras de suelo tomadas, en el primer experimento se realizaron en el Laboratorio de Suelos de la facultad de Ciencias Agrarias de la Universidad Nacional de San Martín. En el segundo experimento se realizaron en el Laboratorio de suelos de la Universidad Agraria "La Molina", Lima. Los métodos de análisis se indican a continuación:

La textura fue analizada mediante el método de Bouyoucos (1936), determinando el contenido de cada una de las fracciones según la velocidad de sedimentación basada en la ley de Stockes.

Las determinaciones de Ph's se realizaron mediante Potenciometro (PC 700 Bench Meter), adoptando relación agua suelo 1:1

La materia orgánica se evaluó por el método Walkley y Black, analizando el carbono orgánico mediante su oxidación (Walkley y Black, 1934; Walkley, 1947).

El fósforo disponible se determinó por el método de Olsen modificado (Olsen, S. R.; et al, 1954), utilizando como extractante el $NaHCO_3$, 0. 5 M apH8. 5

El potasio disponible mediante extractante Acetato de Amonio (Novozamsky y Houba, 1987).

Los cationes cambiables, Ca cambiable, Mg cambiable, K cambiable, Na cambiable y Al cambiable, se analizaron mediante Espectrofotometría de Absorción Atómica (marca Savantaa) Extracción con Acetato de Amonio 1N

La CICE se calculó mediante la suma de cationes efectivos. Para el cálculo de saturación de aluminio (%), se empleó la fórmula Al/CICE x 100

c) Tratamiento de datos y análisis de resultados.

El tratamiento de datos, análisis y gráficos correspondientes (test de normalidad, análisis de varianza (ANOVA), correlaciones, ajustes de tendencia, prueba de Duncan (P<l 0. 05) etc. Se ha llevado a cabo mediante la aplicación de los programas estadísticos InfoStat (versión, 2008) y Statgraphics Centurion. (V. 16, 2011)

4. Análisis de Resultados

4.1 Efectos de la enmienda HL- RF sobre rendimiento de cultivos.

4. 1. 1 Primera Fase. Rendimiento de maíz (var. Marginal 28.)

De los tratamientos y sus combinaciones, solo el aporte de humus de lombriz mostró efectos significativos frente a los tratamientos de roca fosfórica y las combinaciones entre ambos (Tab. 5. 1).

A partir de los resultados (Anova) se deducen diferencias altamente significativas en cuanto al efecto de las dosis de humus, mientras que las dosis de roca fosfórica y la interacción humus-roca no tuvieron diferencias estadísticamente significativas.

Por otra parte, las tablas 5. 2, 5. 3 y 5. 4, presentan las Pruebas de Duncan para los efectos aislados de humus y roca fosfórica así como los efectos de la interacción entre ambas enmiendas. Como se puede observar la aplicación del humus de lombriz al suelo fue el que mayor efecto benéfico causó sobre el rendimiento del maíz en esta primera fase del experimento. Lo anterior se aprecia en la tabla 5. 2 donde se encuentra diferencia significativa entre la dosis más alta de humus (20 t/ha) y el testigo sin aplicación de humus siguiendo un ajuste potencial (Fig. 5. 1). Este resultado puede explicarse debido al mayor aporte de Nitrógeno a partir del humus cuyo contenido de N fue de 2. 1 % (Tab 4. 1), que tuvo un efecto inmediato en el desarrollo y la producción del cultivo, siendo dicho efecto ascendente en relación directa al incremento de las dosis de humus aplicadas.

La tabla 5. 3 a su vez, corrobora el efecto no significativo de las dosis de fósforo en el rendimiento del maíz en esta fase, pudiendo asumirse este comportamiento probablemente a la lentitud en la solubilización del fósforo proveniente de la roca fosfórica que no permitió la disponibilidad del elemento para ser aprovechado por el cultivo en el corto tiempo de su periodo vegetativo. A su vez en cuanto al efecto de las dosis de RFB sobre el rendimiento se confirma las diferencias no significativas encontradas en el Anova (Tab. 5. 1).

Finalmente, en la tabla 5. 4 observamos que con la prueba de Duncan si se encontró diferencias estadísticamente significativas en la interacción humus- roca, resaltando el mayor efecto del humus sobre el rendimiento del cultivo, habiendo sobresalido los tratamientos con la dosis más altas de humus (20 t/ha.), y a la vez con las mayores dosis de fósforo (150 y 200 kg/ha de P_20_5) cuyos rendimientos fueron de 1, 107. 0 kg/ha en el tratamiento 15 (15-150) y 1, 105. 0 kg/ha en el tratamiento 16 (20-200). Los tratamientos sin humus fueron los de menor rendimiento con 575. 0 enT_4 (0-200), 525. 2 en T_3 (0-150), 518. 5 en T_1 (0-0)) y 512. 8 en T_2 (0-100) kg/ha de grano, respectivamente.

Considerando solo los rendimientos obtenidos con el tratamiento aislado de HL, observamos que hay diferencias significativas para los cuatro niveles de aporte adoptados (Tab. 5. 2)
Los rendimientos de 1107 y 1105 kg/ha de grano obtenidos con el maíz "marginal 28 tropical" en esta primera fase del experimento, pese a haberse incrementado en poco más del 100% con la adición de humus de lombriz y roca fosfórica de bayovar en sus dosis más altas (15-20 t/ha y 150-200 kg/ha P_2O_5) en comparación con el rendimiento de los testigos sin humus (513 a 575 kg/ha), no lograron alcanzar los rendimientos de 5000 kg/ha que se refiere para la variedad (INIA, 2001) en suelos sin problemas de acidez. Esto indica la susceptibilidad de la misma a los problemas químicos relacionados con la baja disponibilidad de nutrientes y presencia de elementos tóxicos en estos suelos, así como la ineficiencia para su control inmediato por las enmiendas aplicadas.

Tab. 5. 1. - Análisis de varianza para el rendimiento en grano de maíz en la primera fase del experimento bajo los efectos HL – RF.

Fuente de Variabilidad	G. l.	Suma de Cuadrados	Cuadrados Medios	Valor F	Significación
Repeticio-	3	597995.	199331.		
Dosis HL	3	2083568.	694522.	13.	**
Error (a)	9	451677.	50186.		
Dosis RF	3	100779.	33593.	1. 7014	NS
Interac. (ab)	9	28360. 82	3151. 203	0. 1596	NS
Error (b)	36	710806.	19744.		
Total	63	3973187.			

*: Significativo; **: Altamente significativo; NS: No significativo; CV: 17. 75 %

Tab. 5. 2. - Efecto del HL sobre el rendimiento del maíz en la primera fase (kg/ha). (P< 0, 05; Método: LSD)

Nº. Orden	Dosis HL t/ha	Rendimiento kg/ha	Grupos homogéneos (1)
4	20	954. 3	a
3	15	792. 7	b
2	10	707. 8	c
1	0	518. 5	d

1): Tratamientos unidos por la misma letra no se diferencian estadísticamente

Tab. 5. 3. - Efecto de RF sobre el rendimiento del maíz en la primera fase (kg/ha). (P< 0, 05; Método: LSD).

No. Orden	Dosis de RF kg/ha P_2O_5	Rendimiento Kg/ha	Grupos hor o-géneos
4	200	575. 0	a
3	150	525. 2	a
2	100	512. 8	a
1	0	518. 5	a

Tab. 5. 4 Prueba de Duncan para el rendimiento en grano de maíz (kg/ha), primera fase (Int. HL - RF).

N° Trat.	Dosis HL-RF	Rendimiento Kg/ha	Signific Duncan
15	20-150	1107. 0	a
16	20-200	1105. 0	a
14	20-100	985. 5	ab
13	20-0	954. 3	abc
12	15-200	892. 8	abcd
11	15-150	844. 9	bcd
10	15-100	811. 4	bcd
8	10-200	797. 4	bcde
9	15-0	792. 7	bcde
7	10-150	777. 4	bcde
6	10-100	743. 9	cdef
5	10-0	707. 8	defg
4	0-200	575. 0	efg
3	0-150	525. 2	fg
1	0-0	518. 5	g
2	0-100	512. 8	g

Fig. 5. 1. - Rendimiento de maíz (primera fase): A) bajo enmiendas aisladas de humus (HL) y roca fosfórica (RF, P_2O_5). B) bajo interacción de enmiendas de humus (HL) a dosis de 10, 15 y 20 t/ha, y roca fosfórica (RF, P_2O_5) a dosis de 100, 150 y 200 kg/ha P_2O_5.

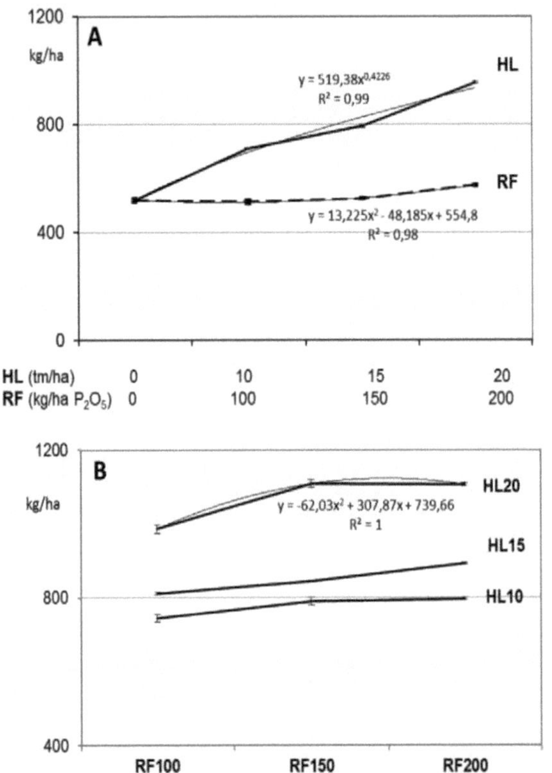

4. 1. 2 Segunda Fase: Rendimiento de cowpea var. San Roque.

Los resultados del Anova y Pruebas de Duncan realizados con el rendimiento en grano de cowpea (kg/ha) en la segunda fase se presentan en las tablas 5. 5, 5. 6, 5. 7 y 5. 8.

Al observar la tabla 5. 5 del Anova, se aprecia que solo hubo diferencias estadísticas altamente significativas en cuanto a rendimiento del cowpea por efecto de las dosis de humus, no así por las dosis de Roca Fosfórica, ni efectos de interacción, en los cuales las diferencias no fueron significativas.

Lo anterior se ratificó en las pruebas de Duncan. Para el efecto de las dosis de humus (tabla 5. 6) se aprecia que la mejor dosis de humus fue la de 20 t/ha, pues en promedio arrojó un rendimiento de 1, 857. 0 kg/ha en comparación con el nivel 0 donde alcanzó un rendimiento de 1, 298. 0 kg/ha. La progresión registra también un ajuste potencial (Fig. 5. 2). A su vez en cuanto al efecto de las dosis de RFB sobre el rendimiento se confirma las diferencias no significativas encontradas en el Anova (Tab. 5. 7).

En cuanto a efectos de interacción Humus - Roca, si bien en el Anova no hubo diferencias estadísticamente significativas, en cambio al realizar la prueba de Duncan si se encontró diferencias significativas en los tratamientos, sobresaliendo aquellos con mayor dosis de humus y a la vez mayores dosis de RF, siendo éstos los tratamientos 16 (20-200), 15 (20-150), 14 (20 -100); cuyos rendimientos fueron: 2244. 2099 y 2017 kg/ha, respectivamente. Por otra parte los de menor rendimiento fueron aquellos que no recibieron aplicaciones de humus, siendo estos los tratamientos 4 (0-200), 3 (0-150), 2 (0-100) y 1 (0-0) cuyos rendimientos fueron del 1469, 1407, 1406 y 1298 kg/ha, respectivamente. (Tab. 5. 8).

Estos resultados ponen de manifiesto el aporte del humus en cuanto a disponibilidad de nitrógeno para el cultivo, que en este suelo aun teniendo buen contenido de materia orgánica en forma natural, no provee mayormente nitrógeno por su escasa mineralización en razón a la limitada supervivencia de bacterias nitrificantes por la extrema acidez del medio. Por otra parte, igual que en el cultivo anterior se puede apreciar que el fósforo aplicado no tuvo mayor influencia sobre el rendimiento aun cuando mejoraron los mismos al aumentar las dosis de este elemento, esto significa que ya hubo alguna influencia del fósforo aplicado. Es importante resaltar que al inicio de esta campaña se efectuó una aplicación del equivalente de una tonelada de cal apagada ($Ca(OH)_2$)/ha al suelo, con el fin de favorecer la mineralización de la materia orgánica y permitir que el humus aplicado sea más eficiente. Esto parece haber influido en parte sobre los resultados obtenidos con el cultivo de cowpea.

Tab 5. 5: Anova para el rendimiento en grano de cowpea en la segunda fase.

Fuente de Variabilidad	G. l.	Suma de Cuadrados	Cuadrados Medios	Valor F	Significación
Repeticiones	3	997248. 894	332416. 298	14. 7052	
Dosis humus	3	3670813. 997	1223604. 666		**
Error (a)	9	748880. 447	83208. 939		NS
Dosis RF	3	286442. 723	95480. 908	1. 3494	NS
Interac. (ab)	9	142144. 691	15793. 855	0. 2232	
Error (b)	36	2547327. 401	70759. 094		
Total	63	8392858. 154			CV: 15. 35 %

: Significativo; **: Altamente significativo; NS: No significativo.

Cabe resaltar el buen rendimiento del cultivo de cowpea var. "san roque" en el tratamiento testigo (T_1: 0-0), que alcanzo 1298 kg/ha y el incremento significativo de éste con la aplicación de humus a partir de 15 t/ha que reaccionó positivamente con las adiciones de roca fosfórica, mejorando los rendimientos, alcanzando un total de 2214 kg/ha de granos con las mayores dosis (20-200). Lo anterior pone de manifiesto, por un lado, la tolerancia del cultivo a la acidez del suelo, y por otro, la respuesta positiva a las aplicaciones conjuntas de las enmiendas, que incorporan N y P disponibles para el cultivo.

Tab. 5. 6. Prueba de Duncan para el efecto del HL sobre el rendimiento del cowpea en la segunda fase.

Dosis	H t/ha	Rend. Cowpea Kg/ha	Significación Duncan
4	20	1857, 0	a
3	15	1774, 0	b
2	10	1612, 0	c
1	0	1298, 0	d

Tab. 5. 7. - Prueba de Duncan para el efecto RF sobre el rendimiento de cowpea en la segunda fase.

No. Orden	)osis de RF g/ha P2O5	Rendimiento Kg/ha	Significación
4	200	1469. 0	a
3	150	1407. 0	a
2	100	1406. 0	a
1	0	1298. 0	a

Tab. 5 . 8 . Prueba de Duncan para el rendimiento de cowpea, segunda fase (Interacción. HL- RF).

N° Trat.	Dosis HL-RF	Rendimiento Kg/ha	Significa-ción Duncan
16	20-200	2244. 0	a
15	20-150	2099. 0	ab
14	20-100	2017. 0	abc
13	20-0	1857. 0	abcd
12	15-200	1833. 0	abcd
11	15-150	1833. 0	abcd
10	15-100	1832. 0	abcd
9	15-0	1774. 0	bcd
8	10-200	1727. 0	bcde
7	10-150	1704. 0	bcde
6	10-100	1612. 0	cde
5	10-0	1612. 0	cde
4	0-200	1469. 0	de
3	0-150	1407. 0	de
2	0-100	1406. 0	de
1	0-0	1298. 0	e

Fig. 5. 2. - Rendimiento de cowpea: A) bajo enmiendas de humus (HL) y roca fosfórica (RF, P_2O_5). B) bajo interacción de enmiendas de humus (HL) a dosis de 10, 15 y 20 t/ha, y roca fosfórica (RF, P_2O_5) a dosis de 100, 150 y 200 kg/ha P_2O_5

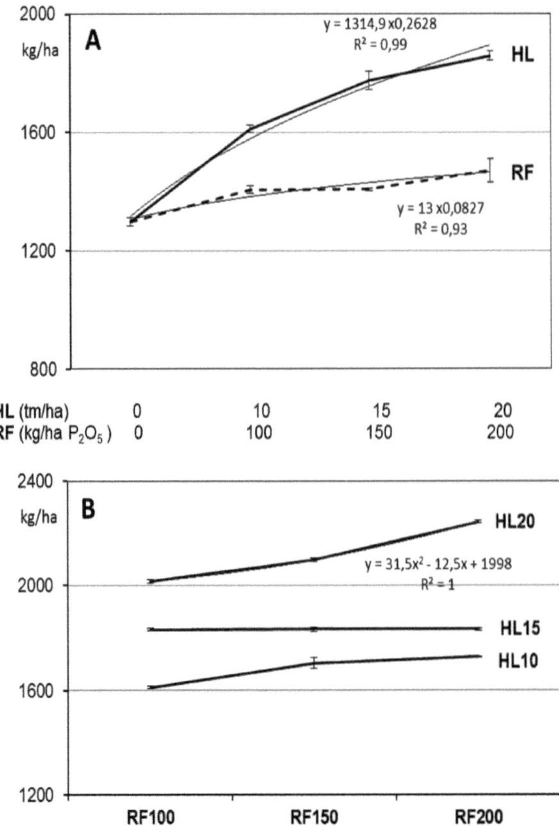

4. 1. 3 Tercera Fase: rendimiento de maíz.

A diferencia de los rendimientos de maíz en la primera campaña el efecto de la RF mostró incidencias positivas (Tabs. 5. 9, 5. 10, 5. 11 y 5. 12).

La tabla 5. 9 presenta el Anova y en él se puede apreciar que en esta ocasión tanto las dosis de humus como de roca fosfórica muestran diferencias altamente significativas como efecto sobre el rendimiento del cultivo. Por otra parte, se observa que no presenta significación estadística la interacción humus-roca.

En cuanto a las Pruebas de Duncan, la tabla 5. 10 nos presenta los resultados del efecto del humus sobre el rendimiento. En este se corroboró el resultado del Anova resaltando las diferencias estadísticas entre las dosis. Al respecto, las dosis 20 y 15 t/ha fueron las que sobresalieron en comparación con el testigo 0. El rendimiento más alto se obtuvo con la dosis 20 t/ha que alcanzo 1, 327. 0 kg/ha de maíz en grano, le sigue la dosis 15 t/ha con 1, 057. 0 kg/ha, luego la dosis 10 t/ha con 932. 1 kg/ha., y finalmente el nivel 0 con solo 509. 1 kg/ha., de maíz en grano. El ajuste presenta también una ecuación potencial (Fig. 5. 3).

Por otra parte, la tabla 5. 11, muestra las diferencias en el efecto de las dosis de roca fosfórica sobre el rendimiento de maíz. Allí se verifica que las dosis 200 y 150 kg/ha de P_2O_5 fueron las que tuvieron el mayor efecto logrando rendimientos de 862. 8 y 655. 8 kg/ha respectivamente. Por su lado las dosis 100 y 0 kg de P_2O_5/ha fueron las mas bajas con rendimiento de 489. 2 y 509. 1 kg/ha.

Tab. 5. 9. -Análisis de varianza para el rendimiento en grano de maíz en la tercera fase.

Fuente de Variabilidad	G. l.	Suma de Cuadrados	Cuadrados Medios	Valor F	Significación
Repeticiones	3	8413936.	2804645.		
Dosis humus	3	5753757.	1917919.	29. 5533	**
Error (a)	9	5753757.	64896. 916		
Dosis RF	3	581569. 707	193856. 569	6. 7963	**
Interac. (ab)	9	189090. 369	21010. 041	0. 7366	NS
Error (b)	36	1026852.	28523. 670		
		Total	63	16549279.	CV: 16. 08

*: Significativo; **: Altamente significativo; NS: No significativo;

En la tabla 5.12, se puede ver respecto a los efectos de interacción, que con la Prueba de Duncan hubo diferencias significativas en las diferentes combinaciones de tratamientos. Aquí claramente se verifica que los tratamientos con la mayor dosis de humus (20 t/ha) combinado con las mayores dosis de roca fosfórica (200 y 150 kg de P_2O_5/ha) fueron los más sobresalientes con rendimientos de 1674. 0 kg/ha en el tratamiento 16 (20-200) y 1544. 0 kg/ha en el tratamiento 15 (20-150). En cambio los tratamientos de menores rendimientos fueron los que no tuvieron aplicación de humus y con las menores dosis de roca fosfórica (0, 100kg P_2O_5/ha) cuyos rendimientos fueron 509. 1 kg/ha en el tratamiento 1 (0-0) y 489. 2 kg/ha en el tratamiento 2 (0-100).

Tab. 5. 10: Prueba de Duncan para el efecto de HL sobre el rendimiento del maíz en la tercera fase (kg/ha)

No. Orden	Dosis de HL t/ha	Rendimiento Kg/ha	Significación
4	20	1327. 0	a
3	15	1057. 0	ab
2	10	932. 1	bc
1	0	509. 1	c

Tab. 5. 11: Prueba de Duncan para el efecto del roca fosfórica sobre el rendimiento del maíz en la tercera fase (kg/ha)

No. Orden	Dosis de RF kg/ha P_2O_5	Rendimiento Kg/ha	Significación
4	200	862. 8	a
3	150	655. 8	a
2	100	489. 2	b
1	0	509. 1	b

Al comparar los resultados de esta fase (3ª) con los obtenidos en la primera con el cultivo de maíz var. "marginal 28 tropical", se puede observar que los rendimientos de esta última, fueron superiores a la anterior, especialmente donde se dio combinaciones de dosis humus-roca, mostrándonos así los efectos benéficos de ambos productos sobre el suelo y rendimientos del cultivo. Estos mayores rendimientos pueden atribuirse a mejoras en las condiciones de pH del suelo (Tab 5. 28), que favoreció una mayor mineralización de la materia orgánica proveniente del humus de lombriz, consiguientemente mayor disponibilidad y absorción de los nutrientes esenciales para el crecimiento y producción de las plantas. Estos a su vez se vieron favorecidos, probablemente por la aplicación de cal apagada (1 t/ha) que se efectuó antes de la siembra del cowpea (2ª fase). Sin embargo, aún con esta mejora, los rendimientos del maíz "marginal 28 tropical" fueron bajos en relación a su máximo potencial en suelos no ácidos (5 t/ha, Tab. 4. 3) lo cual indica su poca adaptación a este tipo de suelos, aún con aplicación de las enmiendas evaluadas (HL-RF).

Tab. 5. 12. - Prueba de Duncan para el rendimiento en grano de maíz (kg/ha), en la tercera fase (Int. humus-roca).

N° Trat.	Dosis H-R	Rendimiento Kg/ha	Significación
16	20-200	1674. 0	a
15	20-150	1544. 0	ab
14	20-100	1331. 0	bc
13	20-0	1327. 0	bc
12	15-200	1165. 0	cd
11	15-150	1112. 0	cde
10	15-100	1084. 0	cde
9	15-0	1080. 0	cde
8	10-200	1057. 0	cde
7	10-150	1036. 0	de
6	10-100	941. 7	de
5	10-0	932. 1	de
4	0-200	862. 8	ef
3	0-150	655. 8	fg
2	0-100	489. 2	g
1	0-0	509. 1	g

Fig. 5. 3. - Rendimiento de maíz (tercera fase): A) bajo enmiendas de humus (HL) y roca fosfórica (RF, P_2O_5); B) bajo interacción de enmiendas de humus (HL) a dosis de 10, 15 y 20 t/ha, y roca fosfórica (RF, P_2O_5) a dosis de 100, 200 y 300 kg/ha de P_2O_5

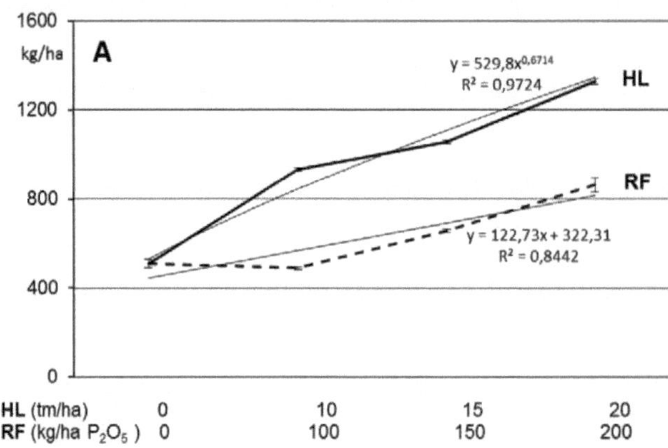

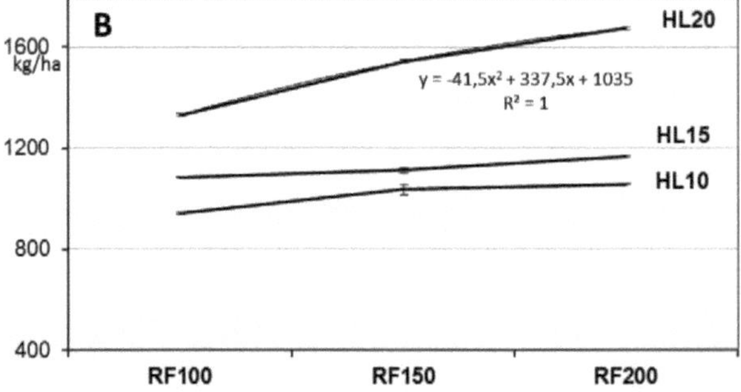

4.1.4 Cuarta Fase: Rendimiento de soja.

Los resultados referentes a soja bajo efectos de RF - HL, no son tan determinantes como los obtenidos en el anterior cultivo (Tabs. 5. 13, 5. 14, 5. 15 y 5. 16)

En la tabla 5. 13 se presentan los resultados del Anova y se puede apreciar que para el cultivo de soja de acuerdo a esta prueba estadística, solo se presentan diferencias significativas con la aplicación de dosis de humus. En cambio con las dosis de roca fosfórica y la interacción no hubo significación.

Respecto a las Pruebas de Duncan, la tabla 5. 14, muestra las diferencias del efecto de las dosis de humus apreciándose que las dosis más altas 15 y 20 t/ha fueron las que produjeron los mayores rendimientos con 833. 8 kg/ha y 981. 4 kg/ha, respectivamente. El testigo 0 es el que tuvo el menor rendimiento con solo 373. 3 kg/ha., de grano. Estos resultados evidencian el efecto favorable del humus sobre el rendimiento de la soya, con una correlación potencial (Fig. 5. 4), lo cual puede atribuirse al aporte de nitrógeno por el abono orgánico y a la vez por el mejoramiento de la mineralizaci6n de la materia orgánica del suelo.

La diferencia de rendimientos bajo los tratamientos con roca fosfórica no registra resultados significativos (Tab. 5. 15; Fig. 5. 4). Esto sugiere que solo el aporte de fósforo a partir de la enmienda (RF) no parece tener mayor influencia sobre el rendimiento del cultivo, puesto que su presencia con el aumento de las dosis no incrementa significativamente los rendimientos. En este caso el rendimiento mayor con 200 kg/ha de P_2O_5 fue de 643. 6 kg/ha de granos, mientras que con el nivel 0 se logró 373. 9 kg/ha de granos.

Tab. 5. 13. - Análisis de varianza para el rendimiento en grano de soja en la cuarta fase.

Fuente de Variabilidad	G. l.	Suma de Cuadrados	Cuadrados Medios	Valor F	Significación
Repeticiones	3	628097. 711	209365. 904		
Dosis humus	3	4526384. 980	1508794. 993	8.	**
Error (a)	9	1677053. 810	186339. 312		
Dosis RF	3	592307. 657	197435. 886	2.	NS
Interación (ab)	9	235443. 531	26160. 392	0.	NS
Error (b)	36	2783966. 064	77332. 391	3383	
Total	63	10443253. 753		CV: 33. 93	

*: Significativo; **: Altamente significativo; NS: No significativo; %

Finalmente, la tabla 5. 16, presenta la Prueba de Duncan para los efectos de interacción humus-roca sobre el rendimiento de la soja. Aquí se ratifica que con el aumento de las dosis de humus combinado con las dosis de fósforo el rendimiento es mayor, siendo el humus el más influyente. Los tratamientos 16 (20-200), 15 (20- 150) y 14 (20-100) fueron los más sobresalientes con rendimientos de 1485. 0, 1222. 0 y 1073. 0 kg/ha de granos de soja. A su vez los tratamientos de menores rendimientos fueron los que no tuvieron aplicación de humus cuyos rendimientos fueron: 487. 4 con el tratamiento 3 (0-150), 428. 4 con el tratamiento 2 (0-100) y 373. 9 kg/ha de granos en el tratamiento 1 (0-0), respectivamente.

Estos últimos rendimientos, verifican la escasez de nitrógeno disponible en estos suelos y la poca efectividad de la roca fosfórica sola para contribuir al control de las limitaciones químicas del mismo. A su vez, ratifican la susceptibilidad de la soja (var. "nacional") a los problemas de acidez y altas saturaciones de aluminio existentes en estos suelos.

Tab 5. 14. - Prueba de Duncan para el efecto de HL sobre el rendimiento de soja en la cuarta fase.

No. Orden	Dosis de HL t/ha	Rendimiento Kg/ha	Significación
4	20	981. 4	a
3	15	833. 8	ab
2	10	594. 8	b
1	0	373. 9	c

Tab. 5. 15. - Prueba de Duncan para el efecto de RF sobre el rendimiento de soja en la cuarta fase.

Nº. Orden	**Dosis Kg/Ha P_2O_5**	**Rendimiento Kg/Ha**	**Significación**
4	200	643. 6	a
3	150	487. 4	a
2	100	428. 4	a
1	0	373. 9	a

Tab. 5. 16. - Prueba de Duncan para el rendimiento en grano de soja en la cuarta fase (Int. HL - RF)

Nº Trat.	Dosis H-R	Rendimiento Kg/ha	Significación Duncan
16	20-200	1485. 0	a
15	20-150	1222. 0	ab
14	20-100	1073. 0	abc
12	15-200	989. 8	bcd
13	20-0	981. 4	bcd
11	15-150	970. 7	bcd
10	15-100	909. 4	bcde
9	15-0	833. 8	bcdef
8	10-200	722. 9	cdef
7	10-150	715. 5	cdef
6	10-100	682. 5	cdef
4	0-200	643. 6	cdef
5	10-0	594. 8	def
3	0-150	487. 4	ef
2	0-100	428. 4	f
1	0-0	373. 9	f

Fig. 5. 4. - Rendimiento de soja: A) bajo enmiendas de humus (HL) y roca fosfórica (RF, P_2O_5; B) bajo interacción de enmiendas de humus (HL) a dosis de 10, 15 y 20 t/ha, y roca fosfórica (RF, P_2O_5 a dosis de 100, 200 y 300 kg/ha de P_2O_5

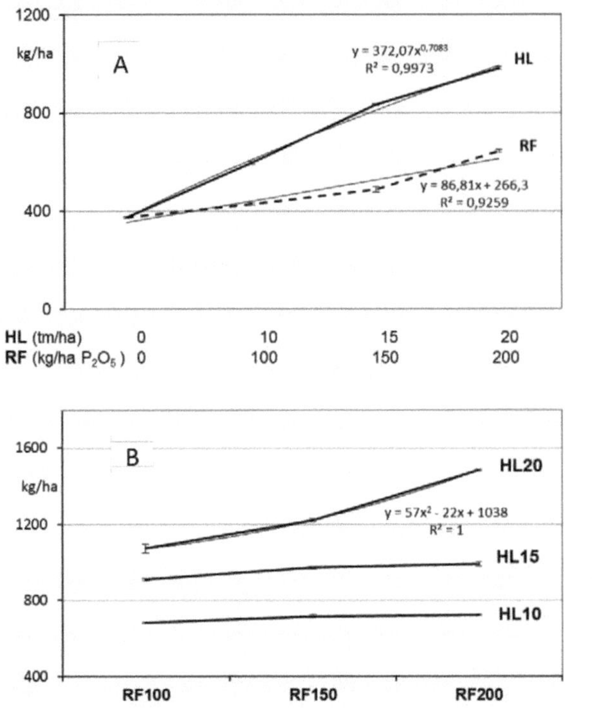

4. 2 Efecto de aplicación de la enmienda magnecal en los rendimientos de maíz (*Zea mays*) y soya (*Glycine max*) en rotación.

4.2.1 Primera Fase. Rendimientos de maíz (*Zea mays* L., var. INIA – 602).

Los resultados ponen de manifiesto el efecto inmediato que tuvo la enmienda sobre la producción del cultivo. En las tablas 5. 17 y 5. 18 se presentan los resultados de análisis de varianza y prueba de Duncan, respectivamente, que muestran el efecto de las dosis de magnecal sobre el rendimiento en grano del maíz variedad INIA-602, en la primera fase del experimento.

Al respecto, la tabla 5. 17, muestra el Anova, donde se observa que hubo diferencias altamente significativas entre los diversos tratamientos estudiados.

Por su parte, la tabla 5. 18 de la prueba de Duncan, muestra claramente las diferencias del efecto de cada una de las dosis de magnecal aplicadas sobre el rendimiento en grano del cultivo de maíz. Como se puede apreciar hubo un incremento lineal en el rendimiento del cultivo estrechamente relacionado con el incremento de las dosis de magnecal (Fig. 5. 5). El rendimiento más bajo se obtuvo con el tratamiento testigo sin aplicación de enmienda, con un promedio de 2695. 0 kg/ha. A su vez con la aplicación de magnecal los rendimientos variaron desde 3102. 0 kg/ha con la más baja dosis de magnecal (0. 5 t/ha) hasta 4659. 0 kg/ha con la dosis más alta (4. 0 t/ha), que significa un incremento de hasta 73 % en comparación con el testigo.

Cabe resaltar que con aplicaciones de 0. 5 a 2. 5 t/ha de magnecal, los rendimientos estuvieron entre 3102. 0 a 3895. 0 kg/ha, mientras que los resultados más sobresalientes se lograron con dosis de 3. 0, 3. 5 y 4. 0 t/ha cuyos rendimientos estuvieron entre 4057. 0, 4, 397. 0 y 4659. 0 kg/ha de grano, los mismos que son altos en comparación a los rendimientos que normalmente obtienen los agricultores en la región en suelos sin problemas de acidez, donde llegan a obtener hasta 2500 kg/ha con la variedad Marginal 28 tropical (Ministerio de Agricultura, 1998).

Es evidente también apreciar el comportamiento de la variedad de maíz INIA- 602 cuya tolerancia a la acidez del suelo se manifiesta, al alcanzar un rendimiento de 2695. 0 Kg/ha con el tratamiento testigo, corroborando sus antecedentes mencionado por INIA (2000), que indican su soportabilidad a condiciones de acidez frente a otras variedades tradicionales como la variedad marginal 28 tropical que sólo produjo 175 k/ha sin aplicación de enmienda (Bernales, 1995), en un Ultisol de la zona de Aucaloma. Se evidencia así mismo, que mejorando las condiciones de pH con el aporte de carbonato de calcio y magnesio al suelo a partir de la enmienda, una dosis adecuada de fertilización y bajo condiciones de riego, se podría obtener mayores rendimientos de maíz con la variedad INIA 602, en suelos como el que se ha efectuado el estudio.

Los incrementos de rendimientos del maíz INIA 602 con la aplicación de las dosis de cal, se puede atribuir a mejoras en las condiciones de pH del suelo, mayor disponibilidad de calcio y magnesio que favoreció el desarrollo del sistema radicular de las plantas y un aprovechamiento más eficiente de los fertilizantes aplicados. Además, por las características genéticas propias de la variedad, que le permitieron absorber nutrientes en condiciones donde otros cultivos sensibles a la acidez no lo pueden hacer.

Tab. 5. 17. - Anova para el rendimiento en grano de maíz en la primera fase del experimento.

Fuente de Variabilidad	G. l.	Suma de Cuadrados	Cuadrados Medios	Valor F	Significación
Bloques	3	1802826. 35	600942. 11	8. 17	NS
Tratamientos	8	12414925. 36	1551865. 67	21. 10	**
Error	24	1765022. 48	73542. 60		
TOTAL	35	15982774. 19		- **CV: 17. 75 %**	

Tab. 5. 18. - Prueba de Duncan para rendimiento de maíz en primera fase (kg/ha).

NÚMERODE ORDEN	TRATAMIENTO		Rendimiento de grano	Nivel Signif. Duncan
	Clave	Dosis Magnecal		
1	T9	4. 0 t/ha	4559. 0	a
2	T8	3. 5 t/ha	4397. 0	ab
3	T7	3. 0 t/ha	4057. 0	bc
4	T6	2. 5 t/ha	3895. 0	c
5	T5	2. 0 t/ha	3686. 0	cd
6	T4	1. 5 t/ha	3652. 0	cd
7	T3	1. 0 t/ha	3293. 0	de
8	T2	0. 5 t/ha	3102. 0	e
9	T1	0. 0 t/ha	2695. 0	f

1): Tratamientos unidos por la misma letra no se diferencian estadísticamente

4.2.2 Segunda Fase. Rendimiento cultivo de soja.

Como ocurrió con el maíz, los resultados de Anova y prueba de Duncan realizadas con el rendimiento de soya en kg/ha, instalado en segunda campaña presentan rendimientos correlacionados positivamente con las dosis (Tabs. 5. 19 y 5. 20).

Al observar el Anova (Tab. 5. 19), se aprecia que aquí también hubo diferencias altamente significativas en cuanto a rendimientos de la soja, por el efecto residual de los tratamientos (dosis de magnecal) aplicados al suelo.

En la prueba de Duncan (tabla 5. 20), por su parte, se ratifica las diferencias estadísticas significativas entre tratamientos y se aprecia igual que en el cultivo de maíz, que las diferencias de rendimientos en grano para el cultivo de soja, también estuvieron relacionados linealmente (Fig. 5. 5) con las dosis de enmienda aplicadas, incrementándose de acuerdo al aumento de cada una de las dosis de cal. En éste como en el anterior, el más bajo rendimiento del cultivo se obtuvo en el tratamiento testigo, con un promedio de 569. 0 kg/ha (T-1) y el mayor rendimiento con el tratamiento de más alta aplicación de Magnecal (T-9) con 1651. 0 kg/ha, significando un incremento en el rendimiento de hasta 190% superior al testigo. Este incremento de rendimiento relacionado a la aplicación de dosis crecientes de magnecal, se puede verificar en la figura 5. 5.

Similar al maíz, los tratamientos sobresalientes fueron dosis de 3. 0, 3. 5 y 4. 0 t/ha de cal, con rendimientos de 1, 447. 0, 1467. 0 y 1651. 0 kg/ha. Otra observación importante en cuanto a rendimientos de la soja por efecto de las dosis de enmienda, es que con dosis desde 1. 5 t/ha de magnecal, los rendimientos del cultivo superaron los 1123. 0 kg/ha de grano.

Cabe manifestar, que comparando las respuestas a la enmienda de los cultivos de maíz y soja con las dosis de magnecal aplicadas, el maíz tuvo un incremento máximo de 73% de rendimiento entre el testigo y la dosis más alta de cal, mientras que la soja se elevó en un 190% más que el testigo, lo cual demuestra que la soja tuvo una mejor respuesta a la aplicación de la enmienda.

Es importante mencionar, que para la soja no se efectuó fertilización al suelo esperando los beneficios de la aplicación al cultivo anterior, por tanto los rendimientos logrados fueron solo producto del efecto residual de las dosis de enmienda y fertilización N, P, K realizado al maíz en la primera fase y al abono foliar que se le aplicó. Además la inoculación efectuada a la semilla no fue efectiva para la formación de nódulos y fijación de nitrógeno atmosférico por la mala calidad del producto empleado. Esto sugiere que con un buen inoculante a la semilla y una adecuada dosis de fertilización fosfopotásica y algunos micronutrientes, se podría mejorar los rendimientos del cultivo de soja y obtener rentabilidad con el sistema de rotación maíz-soja a las dosis de encalado que sobresalieron. La figura 5. 5 muestra las respuestas del maíz y soja a las dosis de enmienda aplicadas.

Estos resultados corroboran las respuestas al encalado de los cultivos de maíz y soja encontrados en Yurimaguas por Wade y Sánchez (1975), y Villachica y Sánchez (1977) y en USA por Parker, et al (1988). Asimismo ratifican la sensibilidad de la soja a la acidez del suelo encontrados también por dichos investigadores.

Tab. 5. 19. - Anova para rendimiento en grano de soja en segunda Fase

Fuente de Variabilidad	G. l.	Suma de Cuadrados	Cuadrados Medios	Valor F	Signifi-cación
Bloques	3	1899752. 03	633250. 677	24. 23	NS
Tratamientos	8	4297746. 77	537218. 347	20. 55	**
Error	24	627328. 92	26138. 705		
TOTAL	35	6824827. 72	-----	--- CV: 15. 35%	

Tab. 5. 20. - Prueba de Duncan rendimiento de soja Segunda Fase.

NUMERO DE ORDEN	TRATAMIENTO Clave	TRATAMIENTO Dosis Magnecal	Rendimiento de grano (Kg/ha)	Nivel Signif. Duncan
1	T9	4. 0 t/ha	1515. 0	a
2	T8	3. 5 t/ha	1467. 0	ab
3	T7	3. 0 t/ha	1447. 0	ab
4	T6	2. 5 t/ha	1327. 0	bc
5	T5	2. 0 t/ha	1178. 0	c
6/7	T4/T3	1. 5/1. 0 t/ha	[illegible]	c/cd
8	T2	0. 5 t/ha	710. 9	d
9	T1	0. 0 t/ha	569. 0	e

1): Tratamientos unidos por la misma letra no se diferencian estadísticamente

Fig. 5. 5. - Respuesta del rendimiento de Maíz (A) y soja (B) a nueve niveles de tratamiento con Ca+Mg (kg/ha).

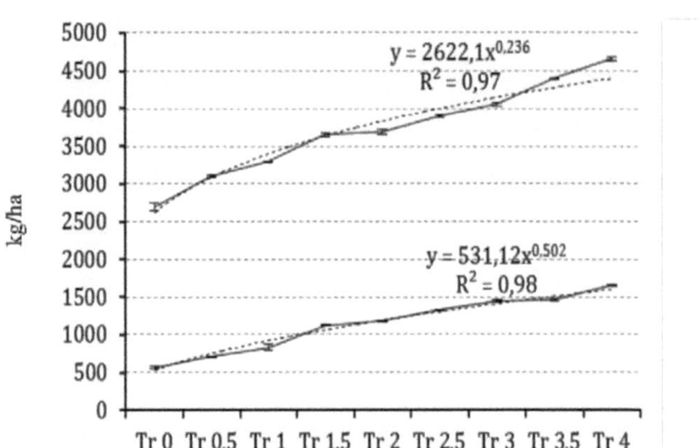

4.3 Cambios en el suelo tras las experiencias con humus de lombriz (HL) y roca fosfórica (RF)

4.3.1 Evolución del pH

4.3.1.1 pH del suelo. Final de la Primera Fase

En las tablas 5. 21, 5. 22, 5. 23 y 5. 24, se presenta los resultados del Anova y Pruebas de Duncan para los valores de pH en el suelo encontrados al final de la Primera Fase del experimento. La tabla 5. 21 muestra el Anova donde se puede apreciar que hubo diferencias altamente significativas en cuanto al efecto de las dosis de humus y Roca Fosfórica en forma particular sobre el pH del suelo. Asimismo se observa que el efecto de la interacción humus-roca no fue significativo en esta prueba.

Por otro lado, la tabla 5. 22 expone la prueba de Duncan para el efecto de las dosis de humus sobre el pH en esta etapa del ensayo. En él se observa que hubo influencia del humus especialmente en las dosis de 15 y

20 toneladas que permitieron elevar el pH de 5. 1 del nivel 0 a 5. 4 y 5. 5 con las dosis antes indicadas. Estos resultados ponen en evidencia lo señalado por Rios y Sánchez (1993), quienes reportan que el humus de lombriz, cumple dos funciones en el suelo, como enmienda y como fertilizante, resaltando que como enmienda puede corregir problemas de acidez o alcalinidad del suelo. En cuanto al efecto de las dosis de la roca fosfórica sobre el pH, en la tabla 5. 23 se encuentra la prueba de Duncan donde se aprecia que a medida que aumenta la dosis de roca también influye positivamente en el incremento del pH del suelo. En este caso la dosis de 200 kg de P_20_5 con Roca fosfórica elevó el valor de pH de 5. 2 en el nivel 0 a 5. 4 con la dosis indicada, lo cual es estadísticamente significativo. Lo anterior puede asumirse en razón a los contenidos de CaO en la roca fosfórica (47. 8 %) que probablemente actuó para elevar el pH del suelo.

En la tabla 5. 24 por su parte se presenta la prueba de Duncan de los pH promedio de los tratamientos (interacción Humus - Roca). Aquí se puede ver las diferencias significativas entre los mismos, elevándose en general el pH a medida del incremento de las dosis de humus y roca respectivamente. En este caso los tratamientos sobresalientes fueron el 15 (20-150) y 16 (20-200) con pH de 5. 5 y 5. 7 respectivamente, mientras que los de menores valores fueron los tratamientos 1, 2, 3, 4 y 5 en general sin aporte de humus cuyos valores de pH fueron 5. 05, 5. 15 y 5. 20. Lo anterior muestra que a mayores dosis de humus hay mayor interacción sobre la roca fosfórica para influir sobre el pH del suelo.

Tab. 5. 21. - Análisis de varianza para los niveles de pH del suelo al final de la Primera Fase.

Fuente de Variabilidad	G. l.	Suma de Cuadrados	Cuadrados Medios	Valor F	Significación
Repeticiones	3	0. 051	0. 017		
Dosis humus	3	1. 588	0. 529	22. 09	**
Error (a)	9	0. 216	0. 024		
Dosis RF	3	0. 351	0. 117	7. 08	**
Interacción (ab)	9	0. 056	0. 006	0. 37	NS
Error (b)	36	0. 594	0. 016		
Total	63	2. 854		CV: 2. 40 %	

*: Significativo; **: Altamente significativo; NS: No significativo.

4.3.1.2 pH del suelo al final del experimento

Los resultados del Anova y Prueba de Duncan para los valores de pH del suelo en los diversos tratamientos al final del experimento se presentan en las tablas 5. 25, 5. 26, 5. 27 y 5. 28.

Tab. 5. 22. - Prueba de Duncan para el efecto del humus sobre el pH al final de la primera Fase.

No. Orden	Dosis de Humus	Nivel de pH	Significación
4	20	5. 581	a
3	15	5. 425	ab
2	10	5. 262	b
1	0	5. 169	b

Tab. 5. 23. - Prueba de Duncan para el efecto de la roca fosfórica sobre el pH al final de la primera fase.

No. Orden	Dosis de R :	Nivel de pH	Significación
4	200	5. 469	a
3	150	5. 369	ab
2	100	5. 338	ab
1	0	5. 262	b

Tab. 5. 24. - Prueba de Duncan para los niveles de pH del suelo al final de la primera campaña (Int. Humus-roca).

N° Trat.	Dosis H-R	Nivel de pH del suelo	Significación
16	20-200	5. 725	a
15	20-150	5. 550	ab
13	20-0	5. 525	b
14	20-100	5. 525	b
12	15-200	5. 525	b
11	15-150	5. 475	bc
10	15-100	5. 425	bc
8	10-200	5. 350	bcd
9	15-0	5. 275	cd
4	0-200	5. 275	cd
7	10-150	5. 250	cde
6	10-100	5. 250	cde
5	10-0	5. 200	de
3	0-150	5. 200	de
2	0-100	5. 150	de
1	0-0	5. 050	e

El Anova para este caso (tabla 5. 25), muestra que existieron diferencias altamente significativas tanto para las dosis de humus como para las dosis de roca fosfórica. Asimismo diferencias significativas para la interacción humus-roca, sobre el pH del suelo.

Las pruebas de Duncan por su parte corroboran estas diferencias especificando entre que dosis y que tratamientos. Al respecto la tabla 5. 26 de la Prueba de Duncan para el efecto del humus sobre el pH del suelo al final del experimento pone de manifiesto que en todos los casos las dosis de humus aplicados influyeron elevando el valor de pH, los cuales son significativamente diferentes con el nivel 0.

Sobre el particular con la dosis 20 toneladas de humus el pH final del suelo fue de 5. 963, con 15 toneladas fue de 5. 806 y con 10 toneladas fue de 5. 769, mientras que el nivel 0 tuvo un valor de 5. 475. Cabe indicar que estos valores de pH son superiores a los encontrados al final de la primera fase, esto aparte de la influencia del humus puede atribuirse a la aplicación de cal apagada que se efectuó a razón de una tonelada al inicio de la segunda fase.

En cuanto al efecto de la roca fosfórica, la tabla 5. 27, muestra la significación de la influencia de las diferentes dosis de roca fosfórica sobre el pH del suelo. En dicha tabla se aprecia que con el nivel más alto de 200 kg/ha de P_20_5 como roca fosfórica el pH fue de 5. 975 que es significativamente diferente al efecto de las dosis 150 y 100 kg/ha de P_20_5 con los cuales el pH promedio fue de 5. 794 y 5. 713, respectivamente. A su vez en todos los casos estos fueron superiores al nivel 0 sin aplicación de roca fosfórica con el cual el valor del pH fue de 5. 531 y siguiendo un incremento progresivo aunque no de manera tan uniforme como el incremento de la primera campaña (Fig. 5. 6). Estos valores son también mayores que los encontrados en la anterior evaluación lo cual aparte de la contribución de la roca fosfórica puede atribuirse a la cal apagada que se aplicó antes de la segunda fase del experimento.

Finalmente, la tabla 5. 28 presenta los resultados de la interacción humus-roca sobre el pH del suelo, en este se puede ver claramente que las combinaciones de las más altas dosis de humus (15 y 20 t/ha) con las más altas dosis de RF (150 y 200 kg de P_20_5/ha) fueron los que más influyeron para elevar el valor del pH del suelo.

En este caso los tratamientos 16 (20-200), 15 (20-150) y 12 (15-200) fueron los de más alto valor con 6. 1, 6. 0 y 6. 0 de pH mientras que los de menos valor fueron los tratamientos 3 (0-150), 2 (0-100) y 1 (0-0) con valores de 5, 475, 5. 375 y 5. 2, respectivamente. Igual que en la anterior evaluación fueron menores los que no tuvieron aporte de humus de lombriz.

Los niveles más altos de pH logrados con las combinaciones de humus de lombriz y roca fosfórica, permitieron a su vez mayor disponibilidad de N y P para los cultivos que se manifestó en mayores rendimientos de los mismos.

Tab. 5. 25. - Análisis de varianza para los niveles de pH del suelo al final del experimento.

Fuente de Variabilidad	G. l.	Suma de Cuadrados	Cuadrados Medios	Valor F	Significación
Repeticiones	3	0. 343	0. 114		
Dosis humus	3	1. 988	0. 663	20. 34	**
Error (a)	9	0. 293	0. 033		
Dosis RF	3	1. 628	0. 543	40. 80	**
Interacción (ab)	9	0. 268	0. 030	2. 24	*
Error (b)	36	0. 594	0. 016		
Total	63	4. 999			CV: 2. 00 %

*: Significativo; **: Altamente significativo; NS: No significativo.

Tab. 5. 26. - Prueba de Duncan para el efecto del humus sobre el pH del suelo al final del experimento.

No. Orden	Dosis de Humus t/ha	Nivel de pH del suelo	Significación
4	20	5. 963	a
3	15	5. 806	a
2	10	5. 769	a
1	0	5. 475	b

Tab. 5. 27. - Prueba de Duncan para el efecto de la roca fosfórica sobre el pH del suelo al final del experimento.

No. Orden	Dosis de RF kg/ha P2O5	Nivel de pH del suelo	Significación
4	200	5. 975	a
3	150	5. 794	b
2	100	5. 713	b
1	0	5. 531	c

Tab. 5. 28. - Prueba de Duncan para los niveles de pH del suelo (me/100g) al final del experimento (Int H-R)

N° Trat.	Dosis H-R	Nivel de pH	Significación
16	20-200	6. 100	a
15	20-150	6. 000	ab
12	15-200	6. 000	ab
8	10-200	5. 950	abc
11	15-150	5. 925	abcd
14	20-100	5. 925	abcd
4	0-200	5. 850	bcd
13	20-0	5. 825	bcd
10	15-100	5. 800	cd
7	10-150	5. 775	cd
6	10-100	5. 750	de
5	10-0	5. 600	ef
9	15-0	5. 500	fg
3	0-150	5. 475	fg
2	0-100	5. 375	g
1	0-0	5. 200	h

Fig. 5. 6. - Evolución del pH del suelo en el ensayo de humus de lombriz y roca fosfórica, datos tomados después de la enmienda y tras la recolección del maíz.

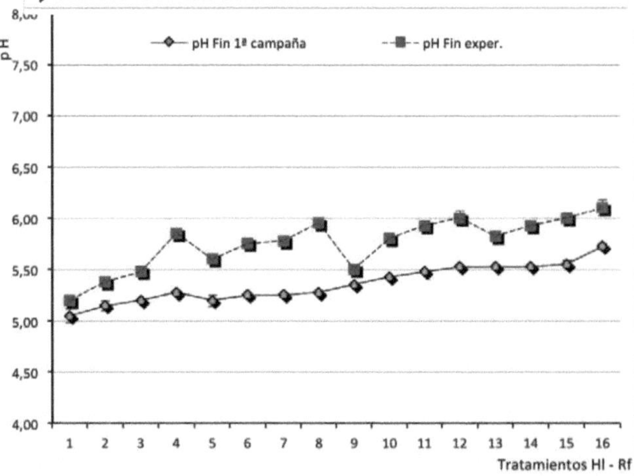

4.3.2 Contenido de Materia Orgánica (%)

4.3.2.1 Materia Orgánica del suelo al final de la Primera Fase

Los resultados de análisis estadísticos, Anova y Pruebas de Duncan para conocer el efecto de las dosis de humus y roca fosfórica de bayovar, así como la interacción de ambos sobre el contenido de materia orgánica del suelo al final de la primera fase del experimento, se observa en las tablas 5. 29, 5. 30, 5. 31 y 5. 32.

Al revisar el Anova (tabla 5. 29) se puede apreciar que sólo hubo diferencias altamente significativas para el efecto de las dosis de humus sobre el contenido de materia orgánica del suelo. En cambio para el efecto de roca fosfórica e interacción humus-roca no se encontró significación estadística

En la tabla 5. 30 por su parte, se determina mediante la prueba de Duncan, que la dosis más alta de humus (20 t/ha) fue la que contribuyo al mayor contenido de materia orgánica del suelo alcanzando un promedio de 3. 176% que no es estadísticamente significativa con las otras dosis de humus (15 y 10 t/ha), pero si con el nivel 0 en el cual el contenido de materia orgánica del suelo fue de 2. 69%. Este resultado era de esperarse toda vez que el humus de lombriz es un compuesto orgánico cuyo contenido de materia orgánica fue de 30 (Tab. 4. 1)

Tab. 5. 29. - Análisis de varianza para el contenido de Materia Orgánica al final de la primera fase

Fuente de Variabilidad	G. l.	Suma de Cuadrados	Cuadrados Medios	Valor F	Significación
Repeticiones	3	0. 206	0. 069		
Dosis humus	3	1. 939	0. 646	8. 9111	**
Error (a)	9	0. 653	0. 073		
Dosis RF	3	1. 115	0. 038	1. 1362	NS
Interacción (ab)	9	0. 033	0. 004	0. 107	NS
Error (b)	36	1. 216	0. 034		
Total	63	4. 162		CV: 6. 24 %	

*: Significativo; **: Altamente significativo; NS: No significativo.

Tab. 5. 30. - Prueba de Duncan para el efecto del humus sobre el contenido de materia orgánica del suelo al final de la primera fase

No. Orden	Dosis de Humus t/ha	% de materia orgánica	Significación
4	20	3. 176	a
3	15	3. 009	ab
2	10	2. 891	ab
1	0	2. 699	b

En cuanto a la tabla 5. 31, se puede ver que las dosis de roca fosfórica no han contribuido mayormente a elevar el contenido de materia orgánica del suelo, no existiendo por ello diferencias significativas en ninguna de las dosis.

Finalmente en la tabla 5. 32, se puede observar que de acuerdo a la Prueba de Duncan si se dieron diferencias estadísticas entre los tratamientos (interacción humus-roca) especialmente de aquellos con mayores dosis de humus como los tratamientos 16 (20-200), 15 (20-150), 13 (20-0), 14 (20-100) y 12 (15-150) en los cuales los valores de materia orgánica varia entre 3. 293% y 3. 097%, mientras que en los tratamientos sin humus los contenidos de materia orgánica fueron de 2. 6%.

Tab. 5. 31. - Prueba de Duncan para el efecto de la roca fosfórica sobre el contenido de materia orgánica del suelo al final de primera fase.

No. Orden	Dosis de RF kg/ha P_2O_5	% Mat. Orgánica	Significación
4	200	3. 012	a
3	150	2. 946	a
2	100	2. 914	a
1	0	2. 903	a

Tab. 5. 32. - Prueba de Duncan para el Contenido de Materia Orgánica (%) (Int H-R) al final de la Primera Fase

N° Trat.	Dosis H-R	% de Materia Orgánica	Significación
16	20-200	3. 293	a
15	20-150	3. 182	ab
13	20-0	3. 115	abc
14	20-100	3. 115	abc
12	15-200	3. 097	abc
11	15-150	3. 000	abcd
9	15-0	2. 983	bcde
10	15-100	2. 957	bcdef
8	10-200	2. 912	bcdef
7	10-150	2. 905	bcdef
5	10-0	2. 872	cdef
6	10-100	2. 872	cdef
4	0-200	2. 745	def
3	0-150	2. 697	def
1	0-0	2. 685	ef
2	0-110	2. 668	f

4.3.2.2 Materia Orgánica del suelo al final del experimento.

Las tablas del 5. 33 al 5. 36 presentan los análisis estadísticos del Anova y Pruebas de Duncan respecto al contenido de Materia Orgánica en el suelo al final del experimento.

En el Anova (tabla 5. 33), se visualiza que solo las dosis de humus fueron de alta significación en su efecto sobre el contenido de materia orgánica en el suelo. Las dosis de RF y la interacción humus-roca no fueron significativas.

La tabla 5. 34 por su parte, ratifica en la Prueba de Duncan el efecto significativo de las dosis de humus mostrando las dosis de 20 y 15 t/ha de humus como las más influyentes sobre el aumento del contenido de materia orgánica en el suelo, habiendo alcanzado porcentajes de 4. 101 y 3, 601, respectivamente, los cuales son estadísticamente diferentes al nivel 0 que fue de 2. 901%.

Es importante resaltar que en todos los casos los contenidos de materia orgánica del suelo al final del experimento se incrementaron en comparación con el resultado encontrado al final de la primera campaña (Fig. 5. 7). Esto puede atribuirse aparte del humus aplicado, a los rastrojos de los cultivos que se incorporaron al suelo y que al haberse mejorado el pH del mismo fueron posiblemente mineralizados mejor por los microrganismos allí presentes.

Por otro lado, la tabla 5. 35 pone en evidencia el poco efecto de las dosis de roca fosfórica sobre el contenido de materia orgánica en el suelo pues no existe significación estadística entre las que recibieron roca y las que no recibieron.

La tabla 5. 36 a su vez, muestra diferencias estadísticas entre grupos de tratamientos (combinaciones humus-roca) verificándose que hubo un incremento del contenido de materia orgánica del suelo a medida que se incrementaba las dosis de humus. A su vez se puede sugerir que el encalado aplicado al final de la primera fase, resultó favorable para el incremento en la mineralización de la materia orgánica del suelo aún sin aplicación de humus, como es el caso de los tratamientos 1 (0-0), 2 (0-100), 3 (0-150) y 4 (0-200) cuyos contenidos de materia orgánica también aumentaron en comparación con lo encontrado en la primera evaluación. .

Tab. 5. 33. - Análisis de varianza para el contenido de Materia Orgánica al final del experimento.

Fuente de Variabilidad	G. l.	Suma de Cuadrados	Cuadrados Medios	Valor F	Significación
Repeticiones	3	0. 451	0. 150		
Dosis humus	3	12. 007	4. 002	17.	**
Error (a)	9	2. 029	0. 225		
Dosis RF	3	0. 187	0. 062	2. 3240	NS
Interacción (ab)	9	0. 224	0. 025	0. 9271	NS
Error (b)	36	1. 216	0. 027		
Total	63	15. 866		CV: 4. 58 %	
Significativo; **: Altamente significativo; NS: No significativo					

Tab. 5. 34. - Prueba de Duncan para el efecto del humus sobre el contenido de materia orgánica del suelo al final del experimento.

No. Orden	Dosis de Humus t/ha	% de materia orgánica	Significación
4	20	4. 101	a
3	15	3. 709	a
2	10	3. 601	ab
1	0	2. 901	b

Tab. 5. 35. - Prueba de Duncan para el efecto de la roca fosfórica sobre el contenido de materia orgánica el suelo al final del experimento.

No. Orden	Dosis de RF kg/ha P_2O_5	% de material orgánica	Significación
4	200	3. 639	a
3	150	3. 603	a
2	100	3. 577	a
1	0	3. 493	a

Tab. 5. 36. - Prueba de Duncan para el Contenido de Materia Orgánica (%) (Int. H-R) al final del Experimento.

N° Trat.	Dosis H-R	% de Materia Orgánica	Significación
16	20-200	4. 238	a
14	20-100	4. 230	a
15	20-150	3. 995	ab
13	20-0	3. 943	bc
12	15-200	3. 800	bcd
	15-150		
10	15-100	3. 678	d
9	15-0	3. 665	d
7	10-150	3. 630	d
8	10-200	3. 615	d
6	10-100	3. 605	d
5	10-0	3. 555	d
3	0-150	2. 990	d
4	0-200	2. 905	e
2	0-100	2. 900	e
1	0-0	2. 805	e

Fig. 5. 7. - Cambios de MO en el suelo en el ensayo de humus de lombriz y roca fosfórica. Datos tomados después de la enmienda y tras la recolección del maíz.

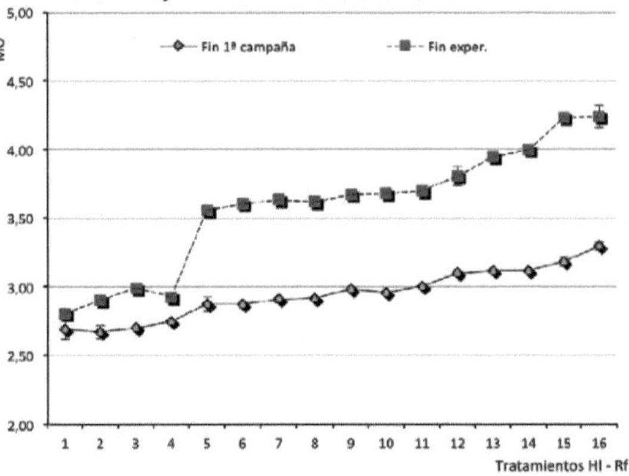

4.3.3 Contenido de Fósforo disponible

4. 3. 3. 1 Fosforo disponible al Final de la Primera Fase.

Las tablas 5. 37, 5. 38, 5. 39 y 5. 40 dan a conocer los resultados del Anova y Pruebas de Duncan del contenido de fósforo disponible del suelo como efecto de la aplicación del humus y roca fosfórica al final de la Primera Fase. El Anova de la tabla 5. 37 muestra diferencias significativas para las dosis de humus y altamente significativas para dosis de roca fosfórica, sobre el contenido de fosforo disponible del suelo. A su vez la no existencia de significación para los efectos de interacción.

En la Prueba de Duncan para las dosis de humus por su parte (tabla 5. 38) se nota que solo la dosis 20 t/ha fue la que mostró diferencia significativa con el testigo 0. Los contenidos de fosforo disponible en ambos casos fueron de 14. 0 ppm para la dosis 20 t/ha y 11. 69 ppm para la dosis 0. Estos resultados nos, permiten verificar que la contribución del humus en cuanto a P disponible es relativamente bajo, pero cuando los volúmenes son grandes y en combinación con la Roca Fosfórica puede ser beneficiosa.

Tab. 5. 37. - Análisis de varianza para el contenido de fósforo disponible al final de la primera campaña.

Fuente de Variabilidad	G. l.	Suma de Cuadrados	Cuadrados Medios	Valor F	Significación
Repeticiones	3	9. 313	3. 104		
Dosis humus	3	47. 563	15. 854	5.	**
Error (a)	9	26. 063	2. 896		
Dosis RF	3	290. 063	96. 688	78.	**
Interac. (ab)	9	3. 813	0. 424	0.	NS
Error (b)	36	44. 125	1. 226	3456	
Total	63	420. 938			CV: 8. 70 %

*: Significativo; **: Altamente significativo; NS: No significativo.

La tabla 5. 39 a su vez ratifica la alta significación de las dosis de roca fosfórica sobre el contenido de P disponible en el suelo. En este se puede apreciar que la dosis 200 kg/ha de P_2O_5 fue la que mayor incrementó con 15. 56 ppm, le siguen las dosis 150 y 100 kg de P_2O_5/ha, con 13. 56 y 12. 00 ppm de P disponible en el suelo, respectivamente. El testigo en cambio solo alcanzó 9. 75 ppm de P disponible, el cual es estadísticamente inferior a todas las dosis evaluadas.

En cuanto a los efectos de interacción humus-roca (tabla 5. 40) se puede ver que en este caso los tratamientos más sobresalientes fueron los que tuvieron las mayores dosis de roca fosfórica (15 y 20 t/ha). La tabla muestra que el tratamiento 12 (15-200) tuvo un aporte de P disponible de 17. 00 ppm, le sigue el tratamiento 16 (20-200) y luego el tratamiento 11 (15-150) con 16. 0 ppm y 15. 0 ppm de fosforo, respectivamente. Por otro lado, los tratamientos de menor contribución fueron el 1 (0-0), 5 (10-0), 13 (20-0), con 8. 75, 9. 25 y 10. 0 ppm disponible, combinaciones que no tuvieron aporte de roca fosfórica.

Tab. 5. 38. - Prueba de Duncan para el efecto del humus sobre el contenido de fósforo disponible del suelo al final de la primera fase.

No. Orden	Dosis de Humus t/ha	P disponible ppm	Significación
4	20	14. 00	a
3	15	12. 94	ab
2	10	12. 25	ab
1	0	11. 69	b

Tab. 5. 39. - Prueba de Duncan para el efecto de la roca fosfórica sobre el contenido de fósforo disponible del suelo al final de la primera fase.

No. Orden	Dosis de RF kg/ha P_2O_5	P disponible ppm	Significación
4	200	15. 56	a
3	150	13. 56	b
2	100	12. 00	b
1	0	9. 75	c

Tab. 5. 40. - Prueba de Duncan para el contenido de fósforo disponible (ppm) (Int H-R) al final de la primera fase

N° Trat.	Dosis H-R	P disponible ppm	Significación
12	15-200	17. 00	a
16	20-200	16. 00	ab bc
11	15-150	15. 00	bcd
4	0-200	14. 75	bcd
8	10-100	14. 50	cde
7	10-150	13. 50	cde
15	20-100	13. 50	de
10	15-100	13. 00	ef
3	0-150	12. 25	ef
14	20-100	12. 25	ef
6	10-100	11. 75	fg
9	15-0	11. 00	fg
2	0-100	11. 00	gh
13	20-0	10. 00	h
5	10-100	9. 25	h
1	0-0	8. 75	

4.3.3.2 Fósforo disponible al final del experimento

El contenido de fósforo disponible al final del experimento analizado estadísticamente a través del Anova y Pruebas de Duncan se presenta en las tablas 5. 41, 5. 42, 5. 43 y 5. 44.

Al observar el Anova en la tabla 5. 41 se aprecia que hubo diferencias altamente significativas en el efecto de las dosis de humus y dosis de roca fosfórica, sobre la disponibilidad del fósforo en el suelo. Asimismo, diferencias significativas en los efectos de interacción humus-roca

Las tablas 5. 42, 5. 43, y 5. 44, corroboran lo anterior, identificando mediante las Pruebas de Duncan las diferencias entre las dosis de humus, roca fosfórica y los tratamientos combinados.

La tabla 5. 42 muestra que las dosis de humus no fueron estadísticamente diferentes entre si en su efecto sobre el contenido de fósforo disponible pero las dosis 15 y 20 t/ha si tuvieron diferencia estadística con el testigo 0. Al respecto, los niveles de fósforo por dosis fueron de. 16. 63 ppm en

T3 (15 t/ha), 16. 0 ppm en T4 (20 t/ha), 14. 0 ppm en T2 (10 t/ha) y 13. 81ppm en T1 (0 t/ha.) (Fig. 5. 8).

Por su parte, la tabla 5. 43 da a conocer las diferencias altamente significativas entre las dosis de roca fosfórica. Aquí se muestra que con el aumento de la dosis de P_2O_5 también aumenta el contenido de fósforo disponible del suelo.

Sobre el particular la dosis 200 kg/ha de P_20_5 fue la más sobresaliente con 18. 94 ppm de fósforo disponible, le siguen las dosis 150 kg/ha de P_20_5, con 16. 06 ppm, luego la dosis 100 kg/ha de P_20_5 con 14. 0 de fósforo disponible, las mismas que son diferentes entre si y con la dosis 0 que tuvo 11. 4 ppm de fósforo disponible en el suelo.

Finalmente, en la tabla 5. 44 se verifica las diferencias en los tratamientos, sobresaliendo aquellas combinaciones que tuvieron las más altas dosis tanto en humus (15 y 20 t/ha) como de roca fosfórica (150 y 200 kg/ha de P_20_5). En este caso los niveles de fósforo disponible fueron de 21. 5 ppm en T-12 (15-200), 21. 0 ppm en T-16 (20-200) y 18. 0 ppm en T-11 (15-150). A su vez los niveles más bajos fueron los tratamientos donde no se aplicó roca fosfórica siendo estos T-9 (15-0) con 13 ppm, T-13 (20-0) con 12. 0 ppm, T-5 (10-0) con 12. 0 ppm y T-1 (0-0) con 10. 0 ppm.

Se resalta que los resultados de fosforo disponible del suelo encontrados al final del experimento fueron superiores a los encontrados al final de la primera fase. Esto pone de manifiesto los efectos benéficos de las dosis de humus y roca fosfórica así como de la aplicación de cal apagada mejorando las condiciones químicas del suelo y permitiendo la disponibilidad de nutrientes esenciales para los cultivos.

Tab. 5. 41. - Análisis de varianza para el contenido de fósforo disponible al final del experimento.

Fuente de Variabilidad	G. l.	Suma de Cuadrados	Cuadrados Medios	Valor F	Significación
Repeticiones	3	17. 422	5. 807		
Dosis humus	3	96. 047	32. 016	11. 5184	**
Error (a)	9	25. 016	2. 780		
Dosis RF	3	484. 422	161. 474	185. 6467	**
Interac. (ab)	9	20. 016	2. 224	2. 5569	*
Error (b)	36	31. 313	0. 870		
Total	63	674. 234			CV: 6. 17 %

*: Significativo; **: Altamente significativo; NS: No significativo.

Tab. 5. 42. - Prueba de Duncan para el efecto del humus sobre el contenido de fósforo disponible del suelo al final del experimento.

No. Orden	Dosis de Humus t/ha	P disponible ppm	Significación
3	15	16. 63	a
4	20	16. 00	a
2	10	14. 00	ab
1	0	13. 81	b

Tab. 5. 43. - Prueba de Duncan para efecto de roca fosfórica sobre el fósforo disponible al final del experimento.

No. Orden	Dosis de RF kg/ha P_2O_5	P disponible ppm	Significación
4	200	18. 94	a
3	150	16. 06	b
2	100	14. 00	c
1	0	11. 44	d

Tab. 5. 44. - Prueba de Duncan para el contenido de fósforo disponible (ppm) (Int H-R) al final del experimento.

N° Trat.	Dosis H-R	P disponible ppm	Significación
12	15-200	21. 5	a
16	20-200	21. 0	a
11	15-150	18. 0	b
15	20-150	17. 0	b
4	0-200	17. 0	b
8	10-200	17. 0	b
10	15-100	15. 0	c
3	0-150	15. 0	c
7	10-150	14. 0	cd
14	20-200	14. 0	cd
2	0-100	13. 0	de
6	10-100	13. 0	de
9	15-0	13. 0	de
13	20-0	12. 0	ef
5	10-0	12. 0	ef
1	0-0	10. 0	g

Fig. 5. 8. - Evolución del fosforo disponible en el suelo en el ensayo de humus de lombriz y roca fosfórica. Datos tomados después de la primera fase y al final de la experiencia.

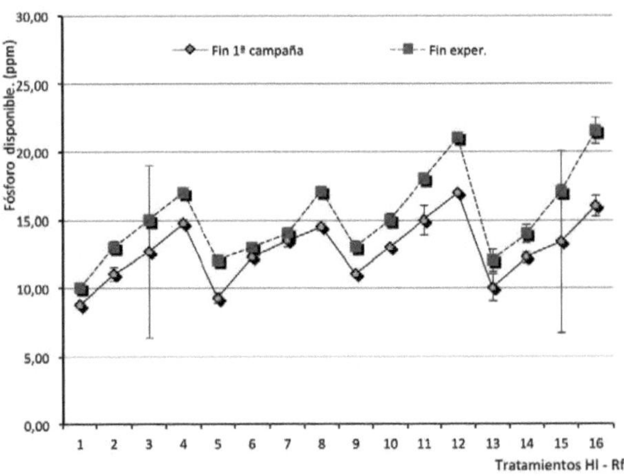

4.3.4 Contenido de Calcio + Magnesio cambiable (cmol (+)/kg)

4. 3. 4. 1 Calcio + Magnesio al Final de la Primera Fase

El Anova y Pruebas de Duncan para el contenido de calcio + magnesio encontrados al final de la primera fase del experimento se presentan en las tablas 5. 45, 5. 46, 5. 47 y 5. 48.

La tabla 5. 45 presenta el Anova de estas determinaciones y allí se puede apreciar que hubo diferencias altamente significativas para las dosis de humus y de roca fosfórica en cuanto a. sus efectos en el contenido de Ca+Mg cambiables del suelo en esta etapa del experimento. Por otra parte se observa que en esta prueba no manifiesta significación en el efecto de interacción es decir las combinaciones humus - roca sobre el contenido de Ca+Mg.

Al observar la tabla 5. 46 del efecto del humus con la Prueba de Duncan, vemos que la dosis más alta de humus (20t/ha) fue la que mostro el mayor efecto en el incremento del Ca+Mg cambiables en el suelo, siendo significativamente superior al testigo 0. El valor de Ca+Mg encontrado para 20 t/ha de humus fue de 2. 394 cmol (+)/kg de suelo, mientras que en el testigo sin humus fue de 1. 694 cmol (+)/kg de suelo en promedio. En cuanto a las dosis de roca fosfórica la tabla 5. 47 da a conocer que las dosis 200 y 150 kg/ha de P_2O_5 fueron los que mostraron diferencias significativas con el nivel 0. Los contenidos promedios de Ca + Mg en estos fue de 2. 244 y 2. 131 cmol (+)/kg), mientras que en el nivel 0 fue de 1. 800 cmol (+)/kg.

Por otro lado en la tabla 5. 48, se visualiza las diferencias en los tratamientos. En este se puede apreciar que los tratamientos 16 (20-200) y 15 (20-200) fueron los que mayor efecto tuvieron sobre los contenidos de Ca + Mg con 2. 575 y 2. 550 cmol (+)/kg de suelo. A su vez los de menos efecto fueron los tratamientos 1 (0-0) y 2 (0-100) con contenidos de Ca + Mg de 1. 6 cmol (+)/kg de suelo. Como se puede apreciar en estos resultados las mayores dosis de humus y fósforo fueron las que contribuyeron a elevar el nivel de Ca + Mg del suelo. Este puede atribuirse también al probable aumento de la capacidad de intercambio catiónico en el suelo como efecto del incremento de la materia orgánica.

Tab. 5. 45. - Análisis de varianza para el contenido de calcio + magnesio cambiable al final de la primera fase.

Fuente de Variabilidad	G. l.	Suma de Cuadrados	Cuadrados Medios	Valor F	Significación
Repeticiones	3	0. 072	0. 024		
Dosis humus	3	4. 315	1. 438	1 5. 3411	**
Error (a)	9	0. 844	0. 094		
Dosis RF	3	1. 860	0. 620	21. 955	**
Interac. (ab)	9	0. 225	0. 025	0. 8857	NS
Error (b)	36	1. 017	0. 028		
Total	63	8. 334			

*: Significativo; **: Altamente significativo; NS: No significativo; CV: 8. 28 %

Tab. 5. 46. - Prueba de Duncan para el efecto del humus sobre el contenido de calcio + magnesio cambiables del suelo al final de la primera fase.

No. Orden	Dosis de Humus t/ha	Ca + Mg (cmol (+)/kg)	Significación
4	20	2. 394	a
3	15	2. 125	ab
2	10	1. 906	ab
1	0	1. 694	b

Tab. 5. 47. - Prueba de Duncan para el efecto del roca fosfórica sobre el contenido de calcio + magnesio cambiables del suelo al final de la primera fase.

No. Orden	Dosis de RF kg/ha P_2O_5	Ca + Mg (cmol (+)/kg)	Significación
4	200	2. 244	a
3	150	2. 131	ab
2	100	1. 944	bc
1	0	1. 800	c

Tab. 5. 48. - Prueba de Duncan para el contenido de calcio + magnesio cambiables (cmol (+)/kg) (Int H-R) al final de la primera fase.

N° Trat.	Dosis H-R	Ca + Mg (cmol (+)/kg)	Significación
16	20-200	2. 575	a
15	20-150	2. 550	a
12	15-200	2. 400	ab
14	20-100	2. 375	ab
11	20-150	2. 250	bc
8	10-200	2. 150	bc
13	20-0	2. 075	cd
10	15-100	2. 025	cde
7	10-150	2. 000	cde
4	0-200	1. 850	def
9	15-0	1. 825	def
6	10-100	1. 775	ef
3	0-150	1. 725	ef
5	10-0	1. 700	f
1	0-0	1. 600	f
2	0-100	1. 600	f

4.3.4.2 Calcio + Magnesio al Final del Experimento

Los resultados del Anova y Pruebas de Duncan para el contenido de Calcio + Magnesio al final del experimento se presentan en las tablas 5. 49, 5. 50, 5. 51 y 5. 52.

El Anova (tabla 5. 49) pone de manifiesto que en esta ocasión hubo diferencias altamente significativas de las dosis de humus, roca fosfórica y la interacción humus-roca.

Las pruebas de Duncan evidencian estas diferencias especificando las dosis y tratamientos sobresalientes y los de menores efectos. Al respecto, la tabla 5. 50 nos da a conocer que todos los tratamientos con aplicación de humus tuvieron un efecto significativo en el incremento de los niveles de Ca + Mg al final del experimento en comparación con los tratamientos donde no se aplicó humus. Es así que los niveles de Ca + Mg promedio con aplicación de humus fueron de mayor a menor de: 3. 131, 2. 769 y 2. 544 cmol (+)/kg de suelo, mientras que el del nivel 0 fue 1. 975 cmol (+)/kg.

A su vez la tabla 5. 51 muestra el efecto de las dosis de roca fosfórica sobre los niveles de Ca. + Mg. En él igualmente se puede ver que todas las dosis aplicadas tuvieron efectos significativos en comparación con el testigo 0. Sobre el particular al aumentar la dosis de roca el incremento de Ca + Mg en el suelo fue cada vez mayor así tenemos promedios de 2. 431 (cmol (+)/kg), 2. 638 (cmol (+)/kg) y 3. 350 (cmol (+)/kg)con 100, 150 y 200 kg de P_20_5/ha respectivamente. El testigo por su parte fue el más bajo, alcanzando un promedio de 2. 000 (cmol (+)/kg).

Finalmente, la tabla 5. 52 nos muestra las diferencias de las combinaciones humus-roca, considerados como tratamientos. En dicha tabla se nota claramente que las combinaciones de las diferentes dosis de humus (10, 15 y 20 t/ha) con la dosis más alta de roca fosfórica (200 kg/ha P_20_5) fueron los que sobresalieron con niveles de 3. 375 (cmol (+)/kg), 3. 600 (cmol (+)/kg) y 3. 900 (cmol (+)/kg) en los tratamientos 8 (10-200), 12 (15-200) y 16 (20-200), respectivamente. A su vez los mas bajos fueron los tratamientos 1 (0-

0), 5 (10-0) y 2 (0-100) cuyos valores de Ca + Mg fueron 1. 75, 1. 75 y 1. 725 cmol (+)/kg de suelo, respectivamente.

Se resalta de igual modo que los resultados encontrados al final del experimento fueron en todos los casos superiores a los alcanzados al final de la primera fase, esto se relaciona con el incremento de pH y en parte el efecto de la aplicación de cal apagada que se realizó antes del inicio de la segunda fase.

Tab. 5. 49. - Análisis de varianza para el contenido de calcio + magnesio cambiable (cmol (+)/kg) al final del experimento.

Fuente de Variabilidad	G. l.	Suma de Cuadrados	Cuadrados Medios	Valor F	Significación
Repeticiones	3	0. 589	0. 196		
Dosis humus	3	11. 270	3. 757	68. 1124	**
Error (a)	9	0. 496	0. 055		
Dosis RF	3	15. 237	5. 079	88. 6769	**
Interac. (ab)	9	2. 734	0. 304	5. 3037	**
Error (b)	36	2. 065	0. 057		
Total	63	32. 389			CV: 9. 19 %
*: Significativo; **: Altamente significativo; NS: No significativo					

Tab. 5. 50. - Prueba de Duncan para el efecto del humus sobre el contenido de calcio + magnesio cambiables del suelo al final del experimento.

No. Orden	Dosis de Humus t/ha	Ca + Mg (cmol (+)/kg)	Significación
4	20	3. 131	a
3	15	2. 769	ab
2	10	2. 544	b
1	0	1. 975	c

Tab. 5. 51. - Prueba de Duncan para el efecto de roca fosfórica sobre el calcio + magnesio cambiables del suelo al final del experimento.

No. Orden	Dosis de RF kg/ha P2O5	Ca + Mg	Significación
4	200	3. 350	a
3	150	2. 638	b
2	100	2. 431	b
1	0	2. 000	c

Tab. 5. 52. - Prueba de Duncan para el contenido de calcio + magnesio cambiables (cmol (+)/kg) (Int H-R) al final del experimento.

N° Trat.	Dosis H-R	Ca + Mg (cmol	Significación
16	20-200	3. 900	a
12	15-200	3. 600	ab
8	10-200	3. 375	bc
11	15-150	3. 175	cd
14	20-100	3. 150	cd
15	20-150	3. 04	de
13	20-0	2. 650	ef
7	10-150	2. 650	ef
4	0-200	2. 525	ef
10	15-100	2. 450	ef
6	10-100	2. 400	f
3	0-150	1. 900	g
9	15-0	1. 850	g
1	0-0	1. 750	g
5	10-0	1. 750	g
2	0-100	1. 725	g

Fig. 5. 9. - Cambios en la concentración de Ca + Mg en el suelo en el ensayo de humus de lombriz y roca fosfórica. Datos tomados después de la primera fase y al final de la experiencia.

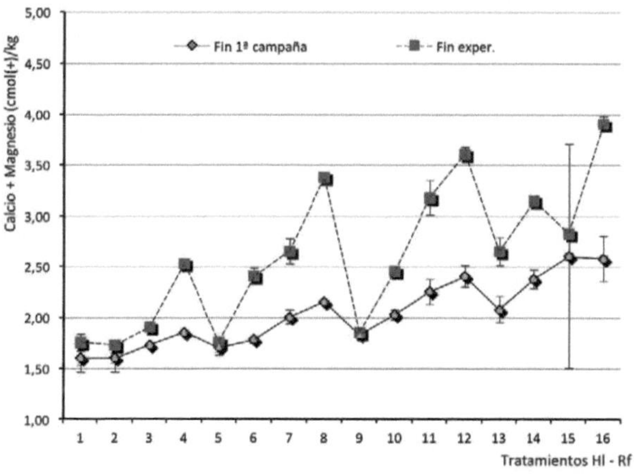

4.3.5 Contenido de Aluminio Cambiable (cmol (+)/kg

4. 3. 5. 1 Aluminio cambiable al Final de la Primera Fase

El Anova y Pruebas de Duncan para el contenido de aluminio cambiable del suelo al final de la primera fase se presentan en las tablas 5. 53, 5. 54, 5. 55 y 5. 56.

En la tabla 5. 53 se muestra el Anova que presenta las diferencias altamente significativas encontradas en cuanto a contenidos de aluminio en el suelo por efecto de las dosis de humus y dosis de roca fosfórica de bayovar. A su vez los efectos de interacción no tuvieron diferencias significativas.

Al revisar la Prueba de Duncan de la tabla 5. 54 que presenta el efecto de las dosis de humus sobre el contenido de aluminio, se verifica que a menor dosis de humus aplicado, los niveles de aluminio cambiable fueron mayores. En este caso para la dosis 0, el nivel de aluminio fue de 4. 794 cmol (+)/kg, para 10 t/ha de humus 4. 231cmol (+)/kg, para la dosis 15 t/ha de humus, el nivel de aluminio fue de 3. 938 cmol (+)/kg y para 20 t/ha de humus el nivel de aluminio fue de 3. 806 cmol (+)/kg de suelo. Es decir a mayor dosis de humus de lombriz se aprecia una disminución gradual del aluminio en el complejo de cambio del suelo, lo cual indica la contribución positiva de esta enmienda orgánica para el control del Al intercambiable.

Por su parte, la tabla 5. 55 presenta el efecto de las dosis de roca fosfórica sobre el contenido de aluminio del suelo en esta etapa del experimento. En él se puede ver igual que en el anterior que a mayor dosis de aplicación de roca fosfórica el nivel de aluminio cambiable disminuye significativamente. Esto se verifica comparando la dosis 0 de RF en la que se encontró un contenido de aluminio de 4. 681 cmol (+)/kg de suelo, le sigue la dosis 100 kg/ha de P_20_5 con 4. 300 cmol (+)/kg, luego la dosis 150 kg/ha de P_20_5 con 4. 069 cmol (+)/kg y finalmente la dosis 200 kg/ha de P_2O_5 que reporto un contenido de aluminio de 3. 800 cmol (+)/kg de suelo. En este caso, la disminución progresiva del aluminio intercambiable del suelo con el incremento de las dosis de roca fosfórica, se puede atribuir a los aportes de Ca y Mg contenidos en la enmienda que al reaccionar en el suelo actuaron como neutralizantes del aluminio en el complejo de cambio.

A su vez la tabla 5. 56 corrobora las tendencias anteriores mostrando que con las combinaciones de dosis más bajas tanto de humus como de roca el nivel de aluminio del suelo fue mayor y contrariamente en combinaciones con las dosis más altas de ambos productos el nivel de aluminio disminuyó significativamente. Lo anterior se visualiza al mirar el tratamiento 1 (0-0) cuyo contenido de aluminio fue 5. 2 cmol (+)/kg de suelo y luego viene el tratamiento 2 (0-100) con 4. 950 cmol (+)/kg, le sigue el tratamiento 5 (10-0) con 4. 775 cmol (+)/kg de suelo y así sucesivamente va disminuyendo hasta que en los tratamientos con dosis más altas de humus y roca como T12 (15-200) y T-16 (20-200) los niveles de aluminio intercambiable del suelo fueron de 3. 575 y 3. 425 cmol (+)/kg, respectivamente. Estos resultados evidencian los efectos benéficos tanto del humus como de la roca fosfórica que conjuntamente contribuyeron más a disminuir la presencia del aluminio cambiable en el suelo (Fig. 5. 10), y consecuentemente incremento de pH del mismo.

Tab. 5. 53. - Análisis de varianza para el contenido de aluminio cambiable al final de la primera fase

Fuente de Variabilidad	G. l.	Suma de Cuadrados	Cuadrados Medios	Valor F	Significación
Repeticiones	3	4. 210	1. 403		
Dosis humus	3	8. 247	2. 149	7. 8102	**
Error (a)	9	3. 168	0. 352		
Dosis RF	3	6. 609	2. 203	80.	**
Interac. (ab)	9	0. 139	0. 015	0. 5644	NS
Error (b)	36	0. 984	0. 027		
Total	63	23. 357			CV: 3. 92 %

*: Significativo; **: Altamente significativo; NS: No significativo.

Tab. 5. 54. - Prueba de Duncan para el efecto del humus sobre el contenido de aluminio cambiable del suelo, al final de la primera fase

No. Orden	Dosis de Humus	Nivel de Al (cmol (+)/kg)	Significación
1	0	4. 794	a
2	10	4. 231	b
3	15	3. 938	b
4	20	3. 806	b

Tab. 5. 55. - Prueba de Duncan para el efecto de la roca fosfórica sobre el contenido de aluminio cambiable del suelo, al final de la primera fase.

No. Orden	Dosis de RF kg/ha P_2O_5	Nivel de Al (cmol	Significación
1	0	4. 681	a
2	100	4. 300	b
3	150	4. 069	b
4	200	3. 800	c

Tab. 5. 56. - Prueba de Duncan para el contenido de aluminio cambiable (cmol (+)/kg) al final de la primera fase.

N° Trat.	Dosis H-R	Nivel de Al (cmol (+)/kg)	Significación
1	0-0	5. 200	a
2	0-10	4-950	b
5	10-0	4. 775	bc
3	0-150	4. 675	cd
9	15-0	4. 450	de
4	0-200	4. 350	e
13	20-0	4. 300	e
6	10-100	4. 275	ef
7	10-150	4. 050	fg
14	20-100	4. 000	gh
10	15-100	3. 975	gh
8	10-200	3. 825	ghi
15	20-150	3. 800	ghi
11	15-150	3. 750	hi
12	15-200	3. 575	ij
16	20-200	3. 475	j

4.3.5.2 Aluminio cambiable al Final del Experimento

Las tablas 5. 57, 5. 58, 5. 59 y 5. 60 muestran el Anova y las Pruebas de Duncan para el contenido de aluminio cambiable al final del experimento.

Los resultados del Anova se especifican en la tabla 5. 57. En este se puede apreciar las diferencias altamente significativas del efecto de las dosis de humus, dosis de roca fosfórica y las interacciones humus - roca sobre los niveles de aluminio en el suelo.

La tabla 5. 58 permite verificar mediante la Prueba de Duncan el efecto significativo de las dosis de humus en la disminución de los niveles de aluminio del suelo, el mismo que es gradual de acuerdo con la mayor cantidad de humus.

Al respecto, sin aplicación de humus (dosis 0) el nivel de aluminio fue de 4. 356 cmol (+)/kg de suelo, al aplicar 10 t/ha de humus el nivel de aluminio disminuye a 3. 05 cmol (+)/kg; a su vez con 15 t/ha de humus, el aluminio baja a 2. 5 cmol (+)/kg y al aplicarse 20 t/ha de humus el nivel de aluminio llega a 2. 175 cmol (+)/kg de suelo.

Por su parte, la tabla 5. 59 al igual que en el cuadro anterior muestra la misma tendencia de disminución gradual del nivel de aluminio con la aplicación de las dosis crecientes de roca fosfórica. Para este caso sin roca fosf6rica (dosis 0) el nivel de aluminio cambiable del suelo fue de 3. 356 cmol (+)/kg, con 100 kg de P_20_5 kg/ha el aluminio bajó a 3. 037 cmol (+)/kg, con 150 kg/ha de P_2O_5 llegó a 2. 912 cmol (+)/kg y finalmente con 200 kg de P_20_5 kg/ha el aluminio bajó a 2. 781 cmol (+)/kg.

En cuanto a efectos de interacción, la tabla 5. 60 permite visualizar que los tratamientos sin humus fueron los que mantuvieron los más altos contenidos de aluminio; mientras que los tratamientos con las dosis más altas de humus y sus combinaciones con las mayores dosis de roca fosfórica disminuyeron gradualmente los contenidos de aluminio del suelo. Lo indicado se aprecia en la tabla donde el tratamiento 1 (0-0) tuvo un contenido de aluminio 5. 0 cmol (+)/kg, le sigue el tratamiento 2 (0-100) con 4. 250 cmol (+)/kg, luego el tratamiento 3 (0-150) que llegó a 4. 125 cmol (+)/kg y así sucesivamente con los demás tratamientos, hasta llegar a los niveles más altos de humus combinado con los niveles más altos de roca fosfórica como los tratamientos 14 (20-100), 15 (20-100) y 16 (20-200) cuyos contenidos de aluminio en el suelo fueron de 2. 3 cmol (+)/kg (T-14), 2. 1. cmol (+)/kg (T-15) y 1. 875 cmol (+)/kg (T-16), respectivamente.

Estos resultados corroboran lo obtenido en la primera evaluación acentuándose el efecto benéfico de las dosis de humus y roca fosfórica sobre el contenido de aluminio del suelo, provocando su disminución cuanto mayores sean las dosis tanto de la roca como del humus (Fig. 5. 10).

Igual que en la evaluación anterior, la reducción progresiva del aluminio intercambiable con las aplicaciones de humus y roca fosfórica, repercutió en un aumento de los contenidos de Ca + Mg cambiables y esto a su vez generó incremento del pH del suelo, que favoreció cierta disponibilidad de nutrientes para los cultivos. Sin embargo, los rezagos de aluminio que aún quedaron, al parecer afectaron especialmente a los cultivos de maíz (Var. marginal 28 tropical) y soja (Var nacional), que mostraron susceptibilidad a la presencia de dicho elemento en el suelo, impidiendo la obtención de rendimientos acorde con sus potenciales genéticos.

Tab. 5. 57. - Análisis de varianza para el contenido de aluminio cambiable al final del experimento

Fuente de Variabilidad	G. l.	Suma de Cuadrados	Cuadrados Medios	Valor F	Significación
Repeticiones	3	0. 386	0. 129		
Dosis humus	3	44. 341	14. 780	43.	**
Error (a)	9	3. 058	0. 340		
Dosis RF	3	2. 911	0. 970	68.	**
Interac. (ab)	9	0. 763	0. 085	5. 9707	**
Error (b)	36	0. 511	0. 014		
Total	63	51. 969			

*: Significativo; **: Altamente significativo; NS: No significativo; CV: 3. 94 %

Tab. 5. 58. - Prueba de Duncan para el efecto del humus sobre el contenido de aluminio cambiable del suelo, al final del experimen-

No. Orden	Dosis de Humus t/ha	Nivel de Al (cmol (+)/kg)	Significación
1	0	4. 356	a
2	10	3. 056	b
3	15	2. 500	b
4	20	2. 175	b

Tab. 5. 59. - Prueba de Duncan para el efecto de la roca fosfórica sobre el contenido de aluminio cambiable del suelo, al final del experimento.

No. Orden	Dosis de RF kg/ha P_2O_5	Nivel de Al (cmol	Significación
1	0	3. 356	a
2	100	3. 037	b
3	150	2. 912	bc
4	200	2. 781	c

Tab. 5. 60. - Prueba de Duncan para el contenido de aluminio cambiable (cmol (+)/kg)) al final del experimento

N° Trat.	Dosis H-R	Nivel de Al (cmol (+)/kg)	Significación
1	0-0	5. 000	a
2	0-100	4. 250	b
3	0-150	4. 125	bc
4	0-200	4. 050	c
5	10-0	3. 275	d
6	10-100	3. 075	e
7	10-150	3. 000	ef
8	10-200	2. 875	fg
9	15-0	2. 725	g
10	15-100	2. 525	h
11	15-150	2. 425	hi
13	20-0	2. 425	hi
12	15-200	2. 325	i
14	20-100	2. 300	i
15	20-150	2. 100	j
16	20-200	1. 875	k

Fig. 5. 10. - Variaciones de Aluminio cambiable en suelo en respuesta a las dosis de cal evaluadas, al inicio, después de la cosecha de maíz y después de la cosecha de soya.

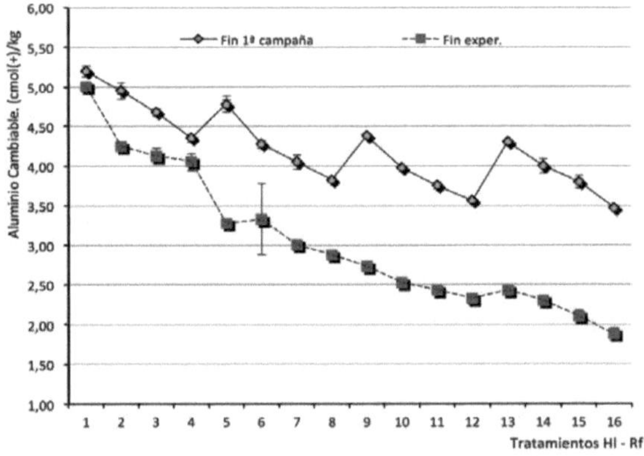

4.4. Cambios en el suelo tras las experiencias con Magnecal

4.4.1. Efectos sobre el pH.

Las tablas del 5. 61 al 5. 66, presentan los análisis de varianzas y prueba de Duncan de los valores de pH encontrados: después del período de incubación de la enmienda, después de la cosecha de maíz y después de la cosecha de soja.

Al observar las tablas de Anova (5. 61, 5. 63, y 5. 65), se puede apreciar, que en todos los casos hubo diferencias altamente significativas en cuanto al efecto de los tratamientos (dosis de enmienda) sobre el pH del suelo.

Las tablas 5. 62, 5. 64 y 5. 66, por otra parte, muestran los valores promedios de pH por cada una de las dosis de enmienda aplicadas, en las diferentes evaluaciones realizadas. En estos como era de esperarse hubieron incrementos de pH del suelo directamente relacionados con los incrementos de las dosis de enmienda, es decir a mayor dosis de enmienda mayor pH del suelo. En general los pH de los tratamientos con aplicación de magnecal fueron estadísticamente superiores al pH del tratamiento testigo sin enmienda.

Al respecto, los valores de pH del suelo después del período de incubación (Tab. 5. 62), subió de 4. 91 en el testigo (T1) hasta 6. 28 en el tratamiento T-9 (4. 0 t/ha de Magnecal), apreciándose que con dosis de enmienda a partir de 1. 0 t/ha se tuvo pH mayores de 5. 5, siendo las dosis de 2. 5 t/ha a 4. 0 t/ha las que tuvieron los mayores incrementos de pH de 6. 11 a 6. 28 como reacción inmediata a los mayores volúmenes de carbonatos que al solubilizarse dejaron libres iones OH- para controlar la acidez activa del suelo.

Por otro lado, los valores de pH del suelo después de la cosecha de maíz (Tab. 5. 64), siguieron la misma tendencia anterior, con una ligera disminución en los tratamientos con aplicación de enmiendas. En este caso los pH superiores a 5. 5 se logró con dosis a partir de 2. 0 t/ha de cal cuyos valores variaron de 5. 57 (T-5) a 6. 16 (T-9).

A su vez, la tabla 5. 66 muestra que después de la cosecha de soja se mantuvo la ligera disminución de pH del suelo en la mayoría de tratamientos. Aquí los pH superiores a 5. 5 se dieron igualmente con las dosis a partir de 2. 0 t/ha de cal con pH de 5. 62 (T-5) a 6. 41 (T-9), siendo las dosis de 2. 5 a 4. 0 t/ha de magnecal las que dieron los valores más altos de pH (5. 77 a 6. 41). Estos valores de pH alcanzados, son ideales para la disponibilidad del fósforo y potasio (Zavaleta, 1992), que junto con calcio y magnesio son deficitarios en estos suelos. Las tendencias de variación se visualizan mejor en la figura 5. 11.

La ligera disminución del pH después de la cosecha de maíz y soja (Fig. 5. 11), podría atribuirse a efectos de solubilidad de la enmienda y pérdidas por lixiviación, una profundización del producto aplicado en las parcelas, la absorción de los cationes básicos por los cultivos y la acción acidificante de los fertilizantes aplicados, que determinó cierto aumento de los iones H y Al en la solución suelo (Villachica y Pérez, 1978).

Resultados similares a los encontrados, reportan Del Águila (1968); Villachica y Buendía (1976); Villagarcía, M (1982), Fassbender (1984) y Parker et al (1988), de trabajos realizados tanto en condiciones de invernadero como en campo, resaltando el beneficio inmediato del encalado en suelos ácidos, que a dosis entre 2 a 4 t/ha de cal permiten elevar el pH del suelo por encima de 5. 5, lo cual favorece la absorción de nutrientes como fósforo, calcio, magnesio y potasio, por las plantas; apreciándose también su disminución en el tiempo, que varía según las características físicas y químicas (finura y eficiencia) así como dosis del material encalante que se utilice.

4.4.1.1. Valores de pH después de la aplicación de la enmienda.

Tab. 5. 61. - Anova para pH del Suelo después de la enmienda.

Fuente de Variabilidad	G. l.	Suma de Cuadrados	Cuadrados Medios	Valor F	Significación
Bloques	3	0. 64	0. 213	1. 59	N. S
Tratamientos	8	6. 35	0. 794	5. 91	**
Error	24	3. 23	0. 134		
TOTAL	35	10. 22	-----	----	CV: 3. 40%

Tab. 5. 62. - Prueba de Duncan de pH del Suelo después de la enmienda.

NUMERO DE ORDEN	TRATAMIENTO Clave	TRATAMIENTO Dosis Magnecal	Nivel de pH del suelo	SIGNIFICANCIA DE DUNCAN
1	T9	4. 0 t/ha	6. 28	a
2	T8	3. 5 t/ha	6. 25	a
3	T7	3. 0 t/ha	6. 12	ab
4	T6	2. 5 t/ha	6. 11	ab
5	T5	2. 0 t/ha	5. 91	abc
6	T4	1. 5 t/ha	5. 83	bc
7	T3	1. 0 t/ha	5. 57	bc
8	T2	0. 5 t/Ha	5. 48	c
9	T1	0. 0t/ha	4. 91	d

1): Los Tratamientos unidos por la misma letra no se diferencian estadísticamente

4.4.1.2. Valores de pH después de la cosecha de maíz.

Tab. 5. 63. - Anova para pH del suelo después de cosecha de maíz.

uente de Variabilidad	G. l.	Suma de Cuadrados	Cuadrados Medios	Valor F	Significación
Bloques	3	0. 54	0. 179	2. 08	N. S.
Tratamientos	8	4. 04	0. 505	5. 88	**
Error	24	2. 06	0. 086		
TOTAL	35	6. 64	-----	-----	CV: 3.

Tab. 5. 64. - Prueba de Duncan de pH del suelo después de la cosecha de maíz.

Nº Orden	TRATAMIENTO		Nivel de pH del suelo	SIGNIFIC DUNCAN
	Clave	Dosis Magnecal t/ha		
1	T9	4. 0	6. 16	a
2	T8	3. 5	6. 02	ab
3	T7	3. 0	5. 84	abc
4	T6	2. 5	5. 83	abc
5	T5	2. 0	5. 57	bcd
6	T3	1. 0	5. 48	cde
7	T4	1. 5	5. 38	cde
8	T2	0. 5	5. 29	de
9	T1	0. 0	5. 09	e

(1): Los Tratamientos unidos por la misma letra no se diferencian estadísticamente

4.4.1.3. Valores de pH después de la cosecha de soja.

Tab. 5. 65. - Análisis de varianza de pH después de soja.

Fuente de Variabilidad	G. l.	Suma de Cuadrados	Cuadrados Medios	Valor F	Significación
Bloques	3	0. 15	0. 051	0. 94	N. S.
Tratamientos	8	9. 66	1. 207	22. 25	**
Error	24	1. 30	0. 054		
TOTAL	35	11. 12	-----	-----	CV: 3. 12

Tab. 5. 66. - Prueba de Duncan de pH del suelo después de soja.

NÚMERO DE ORDEN	TRATAMIENTO		Nivel de pH del suelo	Significancia de Duncan
	Clave	Dosis Magnecal t/ha		
1	T9	4. 0	6. 41	a
2	T8	3. 5	6. 15	ab
3	T7	3. 0	6. 02	bc
4	T6	2. 5	5. 77	cd
5	T5	2. 0	5. 62	de
6	T4	1. 5	5. 42	def
7	T3	1. 0	5. 35	ef
8	T2	0. 5	5. 16	f
	T1		4. 62	g

(1): Los Tratamientos unidos por la misma letra no se diferencian estadísticamente

Fig. 5. 11. - Variaciones del pH del suelo en respuesta a las dosis de cal evaluadas, al inicio, después de la cosecha de maíz y después de la cosecha de soja.

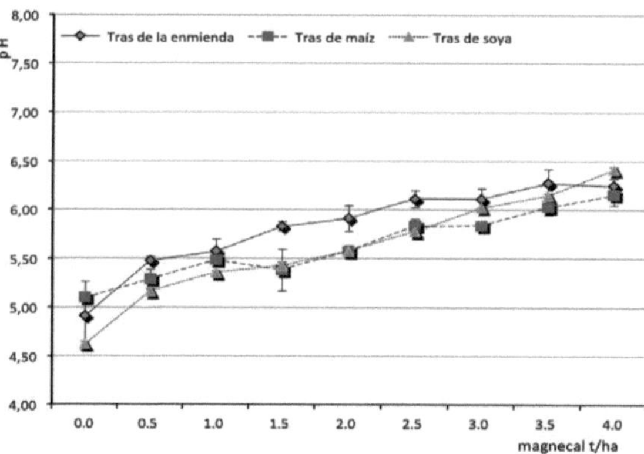

4.4.2. Cambios en el contenido de materia orgánica (%)

Los resultados de Análisis estadísticos, Anova y Prueba de Duncan para conocer el efecto de las dosis de magnecal aplicadas al suelo, sobre el contenido de materia orgánica antes de la siembra después de la cosecha de maíz y después de la cosecha de soya, se observa en las tablas del 5. 67 al 5. 72.

Al revisar las tablas de Anova (5. 67, 5. 69 y 5. 71), se puede apreciar que no hubo diferencias estadísticamente significativas, en cuanto a los contenidos de materia orgánica, encontrados en el suelo como efecto de las dosis de enmienda aplicadas.

Por su parte, las tablas de la Prueba de Duncan (5. 68, 5. 70, y 5. 72), en general corroboran la escasa significación estadística en los promedios de % de materia orgánica encontrados en las tres evaluaciones debido a los bajos contenidos de este componente del suelo. Sin embargo, se observa algunas diferencias cuantificadas entre los promedios de tratamientos que variaron indistintamente de las dosis de magnecal.

Para el caso de % de materia orgánica encontrados después de la aplicación de la enmienda (antes de la siembra del cultivo de maíz) (Tab. 5. 68), los contenidos variaron entre 1. 42 % del más bajo (T_6) a 1. 87 % que fue el más alto (T_5), que en todos los casos son considerados como bajos.

Luego de la cosecha de maíz por su parte (tabla 5. 70), hubo una pequeña disminución del contenido de Materia Orgánica del suelo con la misma tendencia de variación anterior. En este caso los % de materia orgánica estuvieron entre 1. 40% a 1. 80%, pero no en relación directa con las dosis de enmienda aplicadas.

Por su lado, la tabla 5. 72 muestra la materia orgánica después de la cosecha de soja los contenidos de materia orgánica estuvieron entre 1. 12% a 1. 74%. Como se aprecia fueron ligeramente menores que las anteriores. Esta ligera disminución, podría atribuirse a la mineralización ocurrida durante el período de desarrollo de los cultivos que fue probablemente influenciado por la presencia de microrganismos en el suelo, que favorecieron la descomposición de la materia orgánica, los mismos que a su vez fueron favorecidos por una mejora en el pH del suelo con la aplicación de la cal. Sin embargo, otros factores no controlados como la distribución desigual de restos orgánicos y rastrojos de la vegetación natural y cultivos, diferente escorrentía e infiltración del agua de lluvia en el suelo, etc. pudieron provocar estas diferencias irregulares que no estuvieron directamente relacionadas con las dosis de cal aplicadas.

4.4.2.1. Materia orgánica después de la aplicación de la enmienda.

Tab. 5. 67. - Análisis de varianza de M. O después de la enmienda.

Fuente de Variabilidad	G. l.	Suma de Cuadrados	Cuadrados Medios	Valor F	Significación
Bloques	3	0. 28	0. 094	1. 50	N. S.
Tratamientos	8	0. 99	0. 124	1. 98	N. S.
Error	24	1. 51	0. 063		
TOTAL	35	2. 79	-----	----	CV: 6. 24%

Tab. 5. 68. - Prueba de Duncan de M. O (%) después de la enmienda.

NUMERO DE ORDEN	TRATAMIENTO		M. O %	significancia de Duncan
	Clave	Dosis Magnecal t/ha		
1	T5	2. 0	1. 87	a
2	T9	4. 0	1. 85	ab
3	T8	3. 5	1. 82	abc
4	T2	0. 5	1. 67	abc
5	T3	1. 0	1. 62	abc
6	T4	1. 5	1. 57	abc
7	T1	0. 0	1. 47	abc
8	T7	3. 9	1. 45	bc
9	T6	2, 5	1. 42	c

1). Los Tratamientos unidos por la misma letra no se diferencian estadísticamente

Las variaciones del contenido de Materia orgánica de las tres evaluaciones efectuadas han sido poco apreciables, no habiéndose encontrado referencias sobre este tipo de variación que haya sido reportado por otros investigadores (Fig. 5. 12)

4.4.2.2. Después de la cosecha de maíz.

Tab. 5. 69. - Anova de M. O después de la cosecha de maíz

Fuente de Variabilidad	G. I.	Suma de Cuadrados	Cuadrados Medios	Valor F	Significación
Bloques	3	0. 21	0. 070	1. 20	N. S
Tratamientos	8	0. 53	0. 060	1. 13	N. S.
Error	24	1. 40	0. 058		
TOTAL	35	2. 14	-----		CV: 4. 59%

Tab. 5. 70. - Prueba de Duncan de M. O (%) después de la cosecha de maíz.

NUMERO DE ORDEN	TRATAMIENTO		M. O %	SIGNIFICANCIA DUNCAN
	Clave	Dosis Magnecal		
1	T5	2. 0 t/ha	1. 80	a
2	T8	3. 5 t/ha	1. 72	a
3	T9	4. 0 t/ha	1. 70	a
4	T2	0. 5 t/ha	1. 60	a
5	T3	1. 0 t/ha	1. 57	a
6	T4	1. 5 t/ha	1. 57	a
7	T6	2. 5 t/ha	1. 50	a
8	T1	0. 0 t/ha	1. 47	a
9	T7	3. 0 t/ha	1. 40	a

(1): Los Tratamientos unidos por la misma letra no se diferencian estadísticamente

4.4.2.3. Después de la cosecha de soja.

Tab. 5. 71. - Análisis de varianza de M. O después de la cosecha de soja.

Fuente de Variabilidad	G. l.	Suma de Cuadrados	Cuadrados Medios	Valor F	Significa-ción
Bloques	3	0. 86	0. 287	3. 19	N. S.
Tratamientos	8	1. 20	0. 150	1. 67	N. S.
Error	24	2. 16	0. 090		
TOTAL	35	4. 22	-----	-----	CV: 8. 76%

Tab. 5. 72. - Prueba de Duncan de M. O (%) después de la cosecha de soja.

NÚMERO ORDEN	TRATAMIENTO		M. O %	SIGNIFICANCIA DUNCAN
	Clave	Dosis Magnecal		
1	T8	3. 5 t/ha	1. 74	a
2	T6	2. 5 t/ha	1. 64	a
3	T4	1. 5 t/ha	1. 55	ab
4	T3	1. 0 t/ha	1. 44	ab
5	T9	4. 0 t/ha	1. 36	ab
6	T7	3. 0 t/ha	1. 36	ab
7	T1	0. 0 t/ha	1. 35	ab
8	T5	2. 0 t/ha	1. 26	ab
9	T2	0. 5 t/ha	1. 12	b

(1): Tratamientos unidos por la misma letra no se diferencian estadísticamente

Fig. 4. 12. Evolución del contenido de MO (%) en el suelo tras distintas dosis de enmienda de magnecal desde la aplicación de la enmienda hasta la recolección de soja.

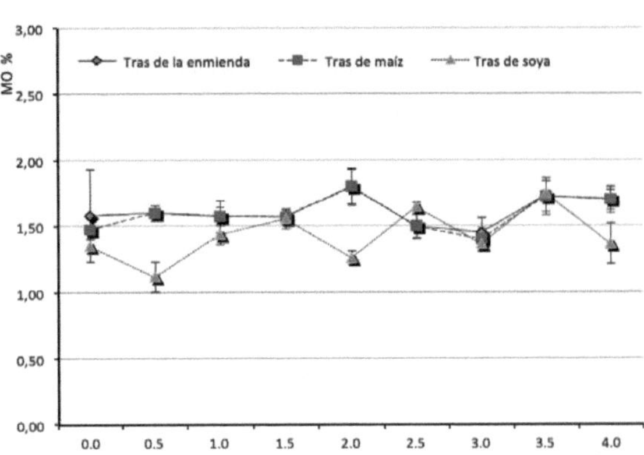

4.4.3. Cambios en el contenido de Fósforo disponible (ppm)

Las tablas 5. 73 al 5. 78, dan a conocer los resultados del Anova y Pruebas de Duncan, del contenido de fósforo disponible del suelo como efecto de la aplicación de la dosis de magnecal, antes de la siembra y después de la cosecha de maíz en la primera fase, así como después de la cosecha de soja en la segunda fase.

La observación de las tablas de Anova (5. 73, 5. 75 y 5. 77), nos permite ver que en ninguna de las evaluaciones hubo diferencias estadísticamente significativas entre los tratamientos, es decir no existió diferencias marcadas en el contenido de fósforo disponible por efecto de las dosis de enmienda.

Las tablas 5. 74, 5. 76 y 5. 78, de las Pruebas de Duncan, corroboran lo anterior ya que tampoco se encuentran diferencias estadísticas en los contenidos de fósforo disponible entre los promedios de tratamientos en las tres evaluaciones realizadas, como resultado de las dosis de enmienda aplicadas.

Sin embargo, revisando la disponibilidad de fósforo promedios de los tratamientos en cada una de las evaluaciones, se encuentra variaciones que van de 4. 12 a 7. 15 ppm antes de la siembra de maíz, de 4. 75 a 8. 00 ppm después de la cosecha de maíz y de 3. 37 a 6. 87 ppm, después de la cosecha de soja, los mismos que están considerados en el nivel bajo de disponibilidad de fósforo.

Las variaciones en las disponibilidades de fósforo como efecto de las dosis de cal aplicadas se aprecian con mayor claridad en la Fig. 5. 13. Allí se puede observar que con la dosis de 2. 5 t/ha de cal, hubo una mejor disponibilidad de fósforo para los cultivos en las evaluaciones realizadas, el mismo que está relacionado directamente con los niveles de pH alcanzados a esa dosis que estuvieron entre 5. 8 a 6. 11, que está en el pH ideal para la disponibilidad de fósforo como H_2PO_4 (Zavaleta, 1992). Por otra parte, debajo y encima de esta dosis las disponibilidades de fósforo tienden a disminuir, lo cual es de esperar para este elemento, aunque hubo algunos resultados que se salen de esta tendencia, lo cual podría atribuirse a errores en la toma de muestras o la influencia de ciertos factores no controlados.

Estos resultados ponen en evidencia la dependencia de la disponibilidad del fósforo con el pH del suelo referido por muchos investigadores, que afirman que a bajos pH (<5.5) se forman fosfatos de hierro y aluminio, mientras que a pH mayores de 7. 0 se forman fosfatos de calcio, que son insolubles, encontrándose por tanto la mayor disponibilidad del fósforo a pH entre 5. 5 y 7. 0 (Black, 1975; Tisdale y Nelson, 1977; Buckman y Brady, 1977 y Zavaleta, 1992).

Cabe indicar, que el maíz en la primera fase recibió una dosis de fertilización fosfatada uniforme de 80 kg/ha de P_2O_5, aplicados localmente cerca de las plantas en todos los tratamientos, lo cual suplió las necesidades del cultivo para el logro de los rendimientos obtenidos.

4.4.3.1. Fósforo disponible después de la aplicación de la enmienda

Tab. 5. 73. - Anova de P-disponible después de la enmienda					
Fuente de Variabilidad	G. l.	Suma de Cuadrados	Cuadrados Medios	Valor F	Signifi-cación
Bloques	3	38. 81	12. 936	2. 95	N. S.
Tratamientos	8	30. 34	3. 792	0. 86	N. S.
Error	24	105. 30	4. 387		
TOTAL	35	174. 45	-----	CV: 8. 70%	

Tab. 5. 74. - Prueba de Duncan P-disponible (ppm) después de la enmienda.

NUMERO ORDEN	TRATAMIENTO		P-disponible ppm	SIGNIFICANCIA DUNCAN
	Clave	Dosis Magnecal		
1	T6	2. 5 t/ha	7. 15	a
2	T3	1. 0 t/ha	6. 92	a
3	T4	1. 5 t/ha	6. 52	a
4	T1	0. 0 t/ha	6. 50	a
5	T2	0. 5 t/ha	5. 65	a
6	T5	2. 0 t/ha	5. 62	a
7	T9	4. 0 t/ha	5. 62	a
8	T7	3. 0 t/ha	4. 97	a
9	T8	3. 5 t/ha	4. 12	a

(1): Tratamientos unidos por la misma letra no se diferencian estadísticamente

4.4.3.2. Después de la cosecha de maíz.

Tab. 5. 75. - Anova de P-disponible después de cultivo maíz.

Fuente de Variabilidad	G. l.	Suma de Cuadrados	Cuadrados Medios	Valor F	Significa-ción
Bloques	3	42. 44	14. 147	1. 95	N. S.
Tratamientos	8	44. 33	5. 542	0. 76	N. S.
Error	24	174. 11	7. 255		
TOTAL	35	260. 89	-----	CV: 6. 17%	

Tab. 5. 76. - Prueba de Duncan de P-disponible (ppm) después de maíz.

NUMERO DE OR-DEN	TRATAMIENTO		P-disponible ppm	SIGNIFICANCIA DE DUNCAN
	Clave	Dosis Magnecal		
1	T1	0. 0 t/ha	8. 00	a
2	T6	2. 5 t/ha	6. 92	a
3	T2	0. 5 t/ha	6. 72	a
4	T8	3. 5 t/ha	6. 50	a
5	T5	2. 0 t/ha	5. 42	a
6	T7	3. 0 t/ha	5. 00	a
7	T9	4. 0 t/ha	4. 95	a
8	T4	1. 5 t/ha	4. 75	a
9	T3	1. 0 t/ha	4. 75	a

(1): Tratamientos unidos por la misma letra no se diferencian estadísticamte.

4.4.3.3. Después de la cosecha de soja.

Tab. 5. 77. - Análisis de varianza P-disponible después de soja.

Fuente de Variabilidad	G. l.	Suma de Cuadrados	Cuadrados Medios	Valor F	Significación
Bloques	3	19. 71	6. 569	2. 38	N. S.
Tratamientos	8	31. 40	3. 925	1. 42	N. S.
Error	24	66. 37	2. 765		
TOTAL	35	117. 48	-----	CV: 7. 78%	

Tab. 5. 78. - Prueba de Duncan de P-disponible (ppm) después de la soja.

NUMERO DE ORDEN	TRATAMIENTO		P-disponible ppm	SIGNIFICANCIA DUNCAN
	Clave	Dosis Magnecal		
1	T6	2. 5 t/ha	6. 87	a
2	T7	3. 0 t/ha	5. 25	ab
3	T5	2. 0 t/ha	4. 97	ab
4	T2	0. 5 t/ha	4. 56	ab
5	T1	0. 0 t/ha	4. 49	ab
6	T9	4. 0 t/ha	4. 39	ab
7	T8	3. 5 t/ha	4. 37	ab
8	T4	1. 5 t/ha	3. 84	b
9	T3	1. 0 t/ha	3. 37	b

(1): Tratamientos unidos por la misma letra no se diferencian estadísticamente

Fig. 5. 13. Evolución del contenido fósforo (P, ppm) del suelo tras distintas dosis de enmienda de magnecal, desde la aplicación de la enmienda hasta la recolección de la soja.

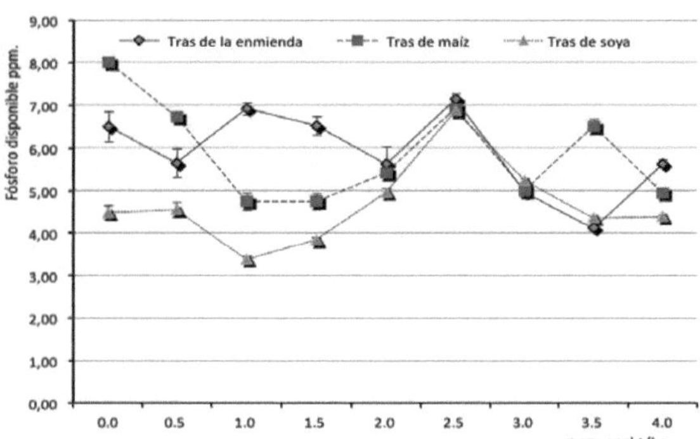

4.4.4. Cambios en el contenido de Potasio disponible (ppm).

Las tablas 5. 79, 5. 80, 5. 81 Y 5. 82 presentan los resultados de Anova y Pruebas de Duncan, de los contenidos de Potasio disponible encontrados después de la aplicación de la enmienda y después de la cosecha de maíz. Así mismo, en la Fig. 5. 14 se muestra las comparaciones entre los dos resultados, efecto de las diferentes dosis de magnecal aplicados en los tratamientos.

En las tablas de Anova 5. 79 y 5. 81, se observa que el resultado para el efecto de las dosis de enmienda sobre el contenido de potasio disponible en el suelo después de la aplicación de la enmienda y después de la cosecha del cultivo de maíz, no fueron estadísticamente significativas, en cambio después de la cosecha del cultivo si hubo significación.

Por su parte, las tablas 5. 80 y 5. 82 de la Prueba de Duncan corroboran lo anterior, pues al apreciar la tabla 5. 80 de disponibilidad de potasio después de la aplicación de la enmienda (antes de la siembra de maíz) no se encontró diferencias estadísticas significativas entre los promedios de los tratamientos como efecto de las dosis de magnecal. Los valores de potasio disponible encontrados variaron de 52. 75 ppm el más bajo (3. 0 t/ha de cal), hasta 72. 75 ppm el más alto (2. 0 t/ha de cal). A su vez, después de la cosecha de maíz (Tab. 5. 82) el más bajo fue 23. 5 ppm (dosis 0. 0 t/ha) y el más alto 62. 25 (dosis 3. 5 t/ha).

En la Fig. 5. 14, al comparar las tendencias de disponibilidad de potasio antes y después de la cosecha de maíz, se puede observar que antes de la cosecha inicialmente hubo un incremento en la disponibilidad de potasio directamente relacionado con el aumento de las dosis de cal hasta una dosis de 2. 0 t/ha, a partir del cual disminuye cayendo el más bajo a la dosis de 3. 0 t/ha para luego volver a subir.

Después de la cosecha por su parte, en general disminuyó la disponibilidad de potasio para el cultivo siendo el más bajo a dosis de 3. 0 t/ha, encima del cual también sube. La disminución puede atribuirse a la absorción del nutriente por la planta, a posibles pérdidas por lixiviación como efecto de las precipitaciones durante el período de desarrollo del cultivo y desbalance en la relación Ca/K con las dosis de encalado que están íntimamente relacionadas con el aumento de pH del suelo. Esta última aseveración se sustenta en lo reportado por varios investigadores que afirman que algunas veces la disponibilidad de potasio se ve afectada con el encalado por la presencia de calcio y magnesio que crean desbalance en las relaciones con el potasio (Martini, 1968; Fassbender, 1984 y Zavaleta, 1992).

Por otro lado, de acuerdo con lo indicado por Zavaleta (1992), el potasio tiene mayor disponibilidad a pH entre 6. 0 y 7. 5, siendo afectado por el calcio en suelos ácidos cuando estos son encalados, disminuyendo su disponibilidad en medio alcalino y volviendo a subir a pH 8. 5.

Se indica que las variaciones que se aprecia fuera de la tendencia mencionada, puede ser debido a errores involuntarios que pudo haberse cometido durante el desarrollo de la investigación y algún otro factor no controlado que alteró la normalidad de la respuesta.

4.4.4.1 Variaciones del Potasio disponible después de la enmienda

Tab. 5. 79. - Anova de K-disponible después de la enmienda

Fuente de Variabilidad	G. l.	Suma de Cuadrados	Cuadrados Medios	Valor F	Significación
Bloques	3	433. 11	144. 37	0. 51	N. S.
Tratamientos	8	1180. 72	147. 59	0. 52	N. S
Error	24	6786. 39	282. 76		
TOTAL	35	8400. 22	-----	CV: 10. 81%	

Tab. 5. 80. - Prueba de Duncan de K-disponible (ppm) después de la enmienda.

NÚMERO ORDEN	TRATAMIENTO Clave	Dosis Magnecal	K-disponible ppm	SIGNIFICANCIA DUNCAN
1	T5	2. 0 t/ha	72. 75	a
2	T9	4. 0 t/ha	64. 75	a
3	T4	1. 5 t/ha	64. 50	a
4	T6	2. 5 t/ha	64. 00	a
5	T8	3. 5 t/ha	61. 25	a
6	T3	1. 0 t/ha	58. 25	a
7	T2	0. 5 t/ha	57. 75	a
8	T1	0. 0 t/ha	55. 00	a
9	T7	3. 0 t/ha	52. 75	a

(1): Tratamientos unidos por la misma letra no se diferencian estadísticamente

4.4.4.2 Después de la cosecha de maíz.

Tab. 5. 81. - Anova de K-disponible después de la cosecha de maíz

Fuente de Variabilidad	G. l.	Suma de Cuadrados	Cuadrados Medios	Valor F	Significación
Bloques	3	286. 31	95. 435	0. 50	N. S.
Tratamientos	8	4680. 89	585. 111	3. 08	*
Error	24	4564. 44	190. 185		
TOTAL	35	9531. 64	-----	-----	CV: 12. 32%

Tab. 5. 82. - Prueba de Duncan de K-disponible (ppm) después de maíz

NUMERO DE ORDEN	TRATAMIENTO Clave	Dosis Magnecal	K-disponible ppm	SIGNIFICANCIA DUNCAN
1	T8	3. 5 t/ha	62. 25	a
2	T9	4. 0 t/ha	23. 67	ab
3	T3	1. 0 t/ha	42. 75	abc
4	T5	2. 0 t/ha	41. 00	abc
5	T4	1. 5 t/ha	39. 75	bc
6	T6	2. 5 t/ha	36. 37	bc
7	T2	0. 5 t/ha	32. 50	bc
8	T7	3. 0 t/ha	29. 50	c
9	T1	0. 0 t/ha	23. 50	c

(1): Tratamientos unidos por la misma letra no se diferencian estadísticamente

Fig. 4. 14. . -Evolución del potasio disponible (d, ppm) en suelo tras distintas dosis de enmienda de magnecal. desde después de la aplicación enmienda hasta la recolección de soja.

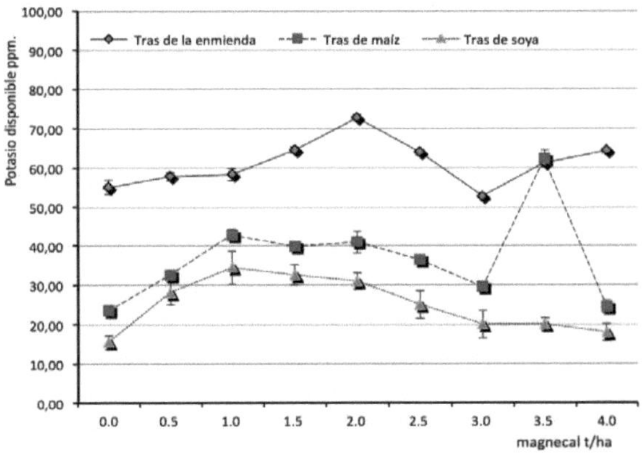

4.4.5. - Cambios en el contenido de Calcio Cambiable (cmol (+)/kg

El Anova y las pruebas de Duncan para el contenido de Calcio cambiable encontrados antes y después de la siembra de maíz se presentan en las tablas del 5. 83 al 5. 86. De igual modo la figura 5. 15 muestra la variación de calcio cambiable en las dos oportunidades, en respuesta a las dosis de magnecal evaluadas.

Las tablas de Anova (5. 83 y 5. 85) indican que no hubo diferencias estadísticas significativas entre los tratamientos con respecto a los contenidos de calcio cambiable durante el período vegetativo del cultivo de maíz.

De otro lado, las pruebas de Duncan (tablas 5. 84 y 5. 86), muestran algunas diferencias estadísticas entre los tratamientos, verificándose que el tratamiento testigo tuvo los menores contenidos de calcio cambiable, mientras que los tratamientos con aplicaciones de magnecal en general aumentaron en sus contenidos de calcio cambiable en relación directa al incremento de las dosis de cal aplicadas.

Las variaciones que se observan en cuanto a contenidos de calcio cambiable después de la incubación de la enmienda, estuvieron entre 3. 23 cmol (+)/kg en el testigo hasta 5. 27 cmol (+)/kg con la dosis 3. 5 t/ha de cal, lo cual era de esperarse debido a la adición de calcio a partir de las dosis de enmienda aplicadas. La incorporación al suelo del magnecal con un contenido de 30. 4% de calcio en su composición, luego de solubilizarse y reaccionar en la solución suelo provocó la disociación del carbonato de calcio en sus iones, permitiendo los incrementos de calcio cambiable en el complejo de cambio, manifestado en los resultados encontrados. Esto concuerda con lo referido por Martini (1968) y Fassbender (1984), quienes al indicar las ventajas del encalado en suelos ácidos resaltan los aportes de calcio y magnesio que desplazan al hidrógeno y aluminio del complejo de intercambio. El calcio al hacerse disponible favorece el desarrollo de las raíces, que a su vez incide sobre el crecimiento de la planta al facilitar la absorción de otros nutrientes, ver figura 5. 15.

Para el caso de los contenidos de calcio cambiable después de la cosecha de maíz este varió de 2. 82 me/100g en el Testigo, hasta 4. 59 cmol (+)/kg en el T9 (4. 0 t/ha), apreciándose una ligera disminución en comparación a los resultados anteriores. Es de suponerse que esta disminución puede ser debido a las reacciones de intercambio catiónico ocurridas entre el complejo y la solución suelo durante el período de desarrollo del cultivo y la constante absorción del nutriente por las plantas.

La figura 5. 15 registra claramente la variación de contenidos de calcio cambiable la misma que se relaciona directamente con las dosis de enmienda aplicadas, mostrándose en general en forma ascendente con el aumento de las dosis de la enmienda. Sin embargo, antes de la siembra de maíz, contrario a la tendencia indicada en el tratamiento 7, se aprecia cierta caída en el contenido de calcio cambiable, esto podría atribuirse a las diferentes reacciones de intercambio relacionadas directamente con el pH de la solución a esa dosis, posibilitando que el calcio cambiable pase a la solución suelo y pueda ser absorbida por las plantas.

Resultados similares a lo obtenido en el presente experimento, encontraron Parker, et al (1988) en USA, y Tenías (1989) en Venezuela, quienes luego del incremento inmediato de los contenidos de calcio a partir de la aplicación de caliza al suelo, también observaron disminución después de un período de tiempo con cultivos, atribuyéndolos a uso por las plantas y/o lixiviación.

4.4.5.1 Después de la aplicación de la enmienda.

Tab. 5. 83. - Anova de Ca-cambiable después de la enmienda

Fuente de Variabilidad	G. l.	Suma de Cuadrados	Cuadrados Medios	Valor F	Significación
Bloques	3	4. 45	1. 485	1. 62	N. S.
Tratamientos	8	16. 39	2. 048	2. 24	N. S
Error	24	21. 96	0. 915		
TOTAL	35	42. 80	-----	-CV: 8. 28%	

Tab. 5. 84. - Prueba de Duncan de Ca-cambiable (cmol (+)/kg) después de enmienda.

NUMERO ORDEN	TRATAMIENTO Clave	Dosis Magnecal	Ca-Cambiable Cmol (+)/kg	SIGNIFICANCIA DUNCAN
1	T8	3. 5 t/ha	5. 27	a
2	T9	4. 0 t/ha	5. 41	ab
3	T5	2. 0 t/ha	4. 68	ab
4	T6	2. 5 t/ha	4. 73	ab
5	T7	3. 0 t/ha	4. 99	ab
6	T4	1. 5 t/ha	3. 65	b
7	T3	1. 0 t/ha	3. 55	b
8	T2	0. 5 t/ha	3. 35	b
9	T1	0. 0 t/ha	3. 23	b

(1): Los Tratamientos unidos por la misma letra no se diferencian estadísticamente

4.4.5.2 Después de la cosecha de maíz.

Tab. 5. 85. - Análisis de varianza de Ca cambiable después de maíz.

Fuente de Variabilidad	G. I.	Suma de Cuadrados	Cuadrados Medios	Valor F	Significación
Bloques	3	2. 40	0. 799	0. 95	N. S.
Tratamientos	8	10. 15	1. 268	1. 50	N. S.
Error	24	20. 25	0. 844		
TOTAL	35	32. 79	-----	CV: 9. 19%	

Tab. 5. 86. - Prueba de Duncan de Ca-cambiable después de maíz.

NUMERO ORDEN	TRATAMIENTO		Ca-Cambiable Cmol (+)/kg	SIGNIFICANCIA DUNCAN
	Clave	Dosis Magnecal		
1	T9	4. 0 t/ha	4. 59	a
2	T5	2. 0 t/ha	4. 06	ab
3	T7	3. 0 t/ha	4. 04	ab
4	T8	3. 5 t/ha	4. 01	ab
5	T6	2. 5 t/ha	3. 63	ab
6	T2	0. 5 t/ha	3. 47	ab
7	T4	1. 5 t/ha	3. 31	ab
8	T3	1. 0 t/ha	3. 05	b
9	T1	0. 0 t/ha	2. 82	b

1): Tratamientos unidos por la misma letra no se diferencian estadísticamente

Fig. 5. 15. - Variación del calcio cambiable en respuesta a las dosis de cal evaluadas antes de la siembra y tras la cosecha soja.

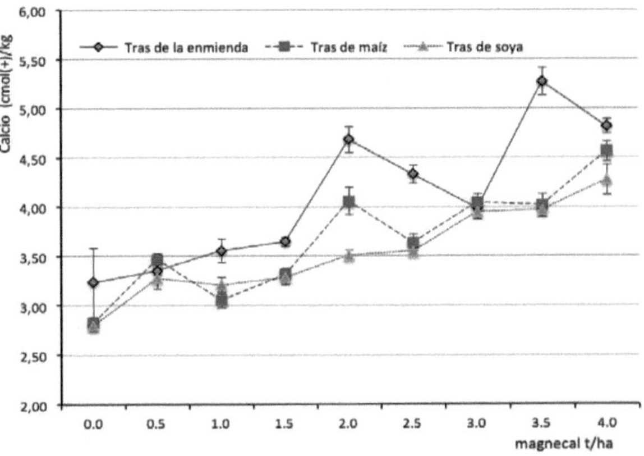

4.4.6 Cambios en el contenido de Magnesio Cambiable (cmol (+)/kg).

Las tablas 5. 87, 5. 88, 5. 89 y 5. 90, presentan los Anova y Pruebas de Duncan para el Contenido de Magnesio Cambiable, antes de la siembra y después de la cosecha de maíz en la primera campaña. A su vez la Fig. 5. 16, muestra las comparaciones entre ambas evaluaciones.

Al observar las tablas de Anova (5. 87 y 5. 89) se aprecia que después del período de incubación de la enmienda (antes de la siembra del maíz), no se encontró diferencias significativas entre tratamientos en cuanto al contenido de magnesio cambiable por efecto de la dosis aplicadas. Sin embargo, después de la cosecha de maíz hubo cierta significación estadística.

Por su parte, las tablas 5. 88 y 5. 90 de la prueba de Duncan confirman los anteriores resultados, mostrando la no significancia en la evaluación antes de la siembra de maíz y la diferencia estadística entre tratamientos después de la cosecha de maíz.

La diferencia en significación entre ambas evaluaciones se puede atribuir a que antes de la siembra las dosis de enmienda aplicadas probablemente aún no reaccionaron suficientemente en el suelo por el corto período de tiempo desde su aplicación (21días). En cambio después de la cosecha del cultivo hubo ya un mayor efecto de la enmienda aplicada que reaccionó con la solución suelo permitiendo esa diferenciación entre tratamientos.

En la primera evaluación (después de la incubación de la enmienda) el contenido de magnesio cambiable aumentó con tendencia similar a lo encontrado con calcio variando de 0. 86 cmol (+)/kg en el tratamiento 2 (0. 5 t/ha) a 1. 21 cmol (+)/kg en T-9 (4. 0 t/ha), que se relacionan directamente con el aumento de las dosis de cal que se aplicó. Para este caso, el aporte de magnesio contenido en la enmienda fue de 5. 43%, que luego de su solubilización contribuyó al incremento del magnesio cambiable en proporción a las dosis de cal aplicadas.

En la segunda evaluación (después de la cosecha de maíz), los contenidos de magnesio cambiable variaron de 0. 72 cmol (+)/kg en el testigo, hasta 1. 27 me/100g en T-6 (2. 5 t/ha). En éste se puede apreciar una caída a dosis de 3. 0 t/ha con 0. 93 cmol (+)/kg, para luego volver a subir a mayores dosis. Esta tendencia observada también después del período de incubación de la enmienda fue similar a lo encontrado con el calcio cambiable. La figura 5. 16 muestra las variaciones indicadas.

Una explicación a las variaciones encontradas en estas evaluaciones pueden estar relacionadas a reacciones diferentes de intercambio catiónico ocurridas en el suelo con intervención de factores ambientales no controlados que es necesario detectar y evaluar en el efecto residual de la enmienda por mayor tiempo, para tener una adecuada información sobre la dinámica de este elemento en el suelo.

En experiencias realizadas por otros investigadores con la aplicación de cal dolomítica encontraron la tendencia de incremento del magnesio cambiable con el aumento de las dosis aplicadas, lo cual está en estrecha relación con el contenido de magnesio en la composición del material enmendante (Martini, 1966; Fassbender, 1984 y Parker, et al, 1988).

4.4.6.1 Después de la aplicación de la enmienda.

Tab. 5. 87. - Anova de Mg-cambiable después de la aplicación de la enmienda.

Fuente de Variabilidad	G. l.	Suma de Cuadrados	Cuadrados Medios	Valor F	Significación
Bloques	3	0. 26	0. 087	1. 38	N. S.
Tratamientos	8	0. 44	0. 055	0. 87	N. S
Error	24	1. 52	0. 063		
TOTAL	35	2. 22	-----	--CV: 6. 92 %	

Tab. 5. 88. - Prueba Duncan de Mg- Cambiable cmol (+)/kg) después enmienda.

Número	TRATAMIENTO		Mg-	SIGNIFICAN-
De	Clave	Dosis Magnecal	Cambiable	CIA
1	T9	4. 0 t/ha	1. 21	a
2	T5	2. 0 t/ha	1. 20	a
3	T8	3. 5 t/ha	1. 15	a
4	T6	2. 5 t/ha	1. 14	a
5	T7	3. 0 /ha	1. 06	a
6	T3	1. 0 t/ha	1. 04	a
7	T4	1. 5 t/ha	1. 02	a
8	T1	0. 0 t/ha	0. 95	a
9	T2	0. 5 t/ha	0. 86	a

1): Tratamientos unidos por la misma letra no se diferencian estadísticamente.

4.4.6.2. Después de la cosecha de maíz.

Tab. 5. 89. - Análisis de varianza de Mg-cambiable después de maíz

Fuente de Variabilidad	G. l.	Suma de Cuadrados	Cuadrados Medios	Valor F	Significación
Bloques	3	0. 26	0. 086	1. 99	N. S
Tratamientos	8	1. 11	0. 139	3. 19	*
Error	24	1. 04	0. 043		
TOTAL	35	2. 41	-----	CV:. 28%	

Tab. 5. 90. - Prueba de Duncan de Mg-cambiable después de maíz.

Número De	TRATAMIENTO		Mg-Cambiable Cmol (+)/kg	Significancia De
	Clave	Dosis Magnecal		
1	T6	2. 5 t/ha	1. 26	a
2	T5	2. 0 t/ha	1. 20	ab
3	T9	4. 0 t/ha	1. 28	ab
4	T8	3. 5 t/ha	1. 28	abc
5	T4	1. 5 t/ha	1. 07	abc
6	T7	3. 0 t/ha	1. 26	abcd
7	T3	1. 0 t/ha	0. 87	bcd
8	T2	0. 5 t/ha	0. 83	cd
9	T1	0. 0 t/ha	0. 72	d

1): Los Tratamientos unidos por la misma letra no se diferencian estadísticamente

Fig. 5. 16. - Variación del Mg (cmol (+)/kg) en el suelo en respuesta a la enmienda desde la aplicación hasta recolección de soja.

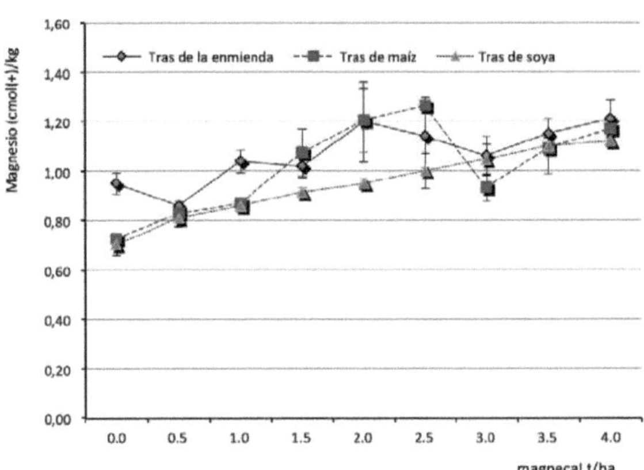

4.4.7 Cambios en contenido de Calcio + Magnesio Cambiable (cmol (+)/kg.

En las tablas 5. 91 y 5. 92 se presenta el Anova y Prueba de Duncan para el contenido de Ca + Mg cambiable encontrados después de la cosecha del cultivo de soja. En estos se puede ver que los dos elementos en conjunto tuvieron una alta significación estadística que sí estuvo muy relacionada con las dosis de enmienda aplicadas. La tabla 5. 96 verifica que hubo un incremento lineal del contenido de Ca + Mg cambiables proporcional al aumento de las dosis de magnecal adicionada al suelo.

Al respecto, los contenidos de Ca + Mg aumentó de 5. 37 cmol (+)/kg en el tratamiento testigo (0. 0 t/ha) hasta 9. 37 cmol (+)/kg en T-9 (4. 0 t/ha de magnecal). Es de resaltar que dosis mayores de 1. 5 t/ha de magnecal permitieron un incremento por encima de 7. 25 cmol (+)/kg de Ca + Mg que son estadísticamente superiores al testigo. Lo anterior demuestra el efecto residual beneficioso del magnecal para abastecer de Ca y Mg al cultivo después de un año de su aplicación, cuyo crecimiento se puede verificar en la Fig. 5. 17. Los aportes de calcio y magnesio y la duración de los efectos residuales, está en relación con la eficiencia y contenido de estos elementos que contengan los materiales encalantes que se utilice (Villachica y Pérez, 1978).

4.4.7.1 Calcio + Magnesio Cambiable (cmol (+)/kg) después de soja.

Tab. 5. 91. - Anova de Ca+Mg cambiable después de soja.

Fuente de Variabilidad	G. l.	Suma de Cuadrados	Cuadrados Medios	Valor F	Significación
Bloques	3	9. 64	3. 212	8. 35	N. S.
Tratamientos	8	59. 10	7. 387	19. 20	**
Error	24	9. 24	0. 385		
TOTAL	35	77. 97	-----	CV: 9. 83%	

Tab. 5. 92. - Prueba de Duncan de Ca+Mg cambiable después de soja.

NUMERO DE ODEN	TRATAMIENTO		Ca+Mg cmol (+)/kg	Significancia Duncan
	Clave	Dosis Magnecal		
1	T9	4. 0 t/ha	9. 37	a
2	T8	3. 5 t/ha	8. 87	ab
3	T7	3. 0 t/ha	8. 37	bc
4	T6	2. 5 t/ha	8. 12	bcd
5	T5	2. 0 t/ha	7. 50	cd
6	T4	1. 5 t/ha	7. 25	de
7	T3	1. 0 t/ha	6. 50	ef
8	T2	0. 5 t/ha	5. 87	fg
9	T1	0. 0 t/ha	5. 37	g

(1): Tratamientos unidos por la misma letra no se diferencian estadísticamente

Fig. 5. 17. - Variación del Ca + Mg cambiable en el suelo en respuesta a la dosis de cal evaluada después del cultivo de soja.

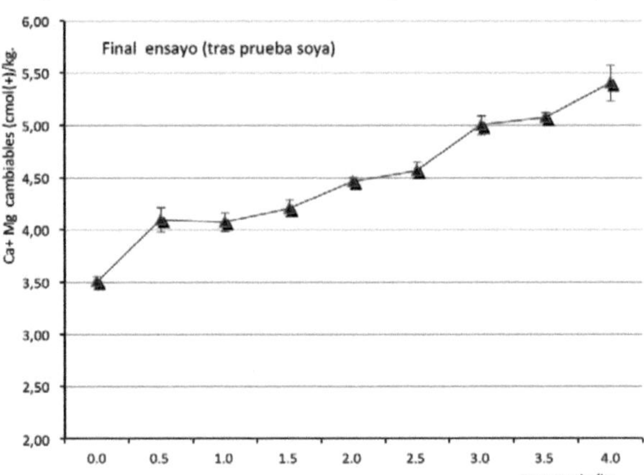

4.4.8 Cambios en el contenido de Potasio Cambiable (cmol (+)/kg

Las tablas 5. 93, 5. 94, 5. 95, 5. 96, 5. 97 y 5. 98, dan a conocer los resultados del Anova y Pruebas de Duncan, del contenido de potasio cambiable del suelo como efecto de la aplicación de las dosis de magnecal, antes de la siembra y después de la cosecha de maíz en la primera campaña, así como después de la cosecha de soja en la segunda campaña.

Al observar las tablas del Anova (5. 93 y 5. 95y 5. 97), nos permite ver que en ninguna de las evaluaciones hubo diferencias estadísticamente significativas entre los tratamientos, es decir no existió diferencias marcadas en el contenido de potasio cambiable por efecto de las dosis de enmienda. Las tablas 5. 94, 5. 96 y 5. 98, de las pruebas de Duncan, corroboran lo anterior ya que tampoco se encuentran diferencias estadísticas en los contenidos de potasio cambiable como resultado de las dosis de enmienda aplicadas en ninguno de los tratamientos.

Por otro lado, revisando los promedios de cada uno de los tratamientos de potasio cambiable en las tres evaluaciones realizadas, se encuentran diferencias que varían de 0. 09 cmol (+)/kg (4. 0 t/ha) a 0. 115 cmol (+)/kg (0. 0 t/ha) antes de la siembra de maíz; de 0. 09 cmol (+)/kg (4. 0 t/ha) a 0. 099 cmol (+)/kg (0. 0 t/ha) después de la cosecha de maíz y de 0. 098 cmol (+)/kg (4. 0 t/ha) a 0. 107 cmol (+)/kg (0. 0 t/ha), después de la cosecha de soya.

Estos resultados muestran que en general, a dosis más bajas de la enmienda los niveles de potasio cambiable fueron mayores disminuyendo con el incremento de las dosis de cal. La razón de esta disminución de potasio cambiable se debe al desbalance en la relación Ca/K provocado por las dosis de enmienda aplicadas que subió de 29. 3 a 43. 7 después de la incubación de la enmienda y de 29. 5 a 38. 2 después de la cosecha de maíz, (Tab. 5. 96), los cuales están por encima de las relaciones de equilibrio reportada por Bertsch (1986), que están en el rango de 5 a 25. Además después de la cosecha de soya la relación Ca + Mg/K subió de 59. 6 a 104. 1, que también son superiores al rango de balance referida por Bertsch que indica entre 10 a 50.

Lo anterior concuerda con lo encontrado para potasio disponible y la aseveración referida por Villachica y Buendía (1976), que afirman que el encalado induce la reducción del potasio intercambiable en el suelo. Similares afirmaciones reportan Martini (1968), Del Águila (1968) y Fassbender (1984), que manifiestan que dosis altas de cal provocan desbalances en las relaciones Ca/K del suelo.

4.4.8.1 K cambiable después de la aplicación de la enmienda

Tab. 5. 93. - Anova de K-cambiable después de la aplicación de la enmienda

Fuente de Variabilidad	G. l.	Suma de Cuadrados	Cuadrados Medios	Valor F	Significa-ción
Bloques	3	0. 00156	0. 0052	4. 33	N. S.
Tratamien-	8	0. 00672	0. 0008	0. 70	N. S
Error	24	0. 02880	0. 0012		
TOTAL	35	0. 05112	-----	CV: 5. 25%	

Tab. 5. 94. - Prueba de Duncan de K-cambiable después de la enmienda.

NUMERO DE ORDEN	TRATAMIENTO		K- Cambiable cmol (+)/kg	SIGNIFCANCIA DE DUNCAN
	Clave	Dosis Magnecal		
1	T1	0. 0 t/ha	0. 115	a
2	T2	0. 5 t/ha	0. 112	a
3	T3	1. 0 t/ha	0. 125	a
4	T4	1. 5 t/ha	0. 145	a
5	T5	2. 0 t/ha	0. 145	a
6	T6	2. 5 t/ha	0. 125	a
7	T7	3. 0 t/ha	0. 105	a
8	T8	3. 5 t/ha	0. 105	a
9	T9	4. 0 t/ha	0. 09	a

(1): Tratamientos unidos por la misma letra no se diferencian estadísticamente.

4.4.8.2 Después de la cosecha de maíz

Tab. 5. 95. - Anova de K-cambiable después de la cosecha de maíz.

Fuente de Variabilidad	G. l.	Suma de Cuadrados	Cuadrados Medios	Valor F	Signifi-cación
Bloques	3	0. 0360	0. 0120	1. 71	N. S.
Tratamientos	8	0. 0576	0. 0072	1. 03	N. S.
Error	24	0. 1680	0. 0070		
TOTAL	35	0. 2616	-----	CV: 8. 85%	

Tab. 5. 96. - Prueba de Duncan de K-cambiable después de maíz.

NUMERO ORDEN	TRATAMIENTO		K-Cambiable cmol (+)/kg	SIGNIFICANCIA DUNCAN
	Clave	Dosis Magnecal		
1	T1	0. 0 t/ha	0. 099	a
2	T2	0. 5 t/ha	0. 140	a
3	T3	1. 0 t/ha	0. 193	a
4	T4	1. 5 t/ha	0. 175	a
5	T5	2. 0 t/ha	0. 045	a
6	T6	2. 5 t/ha	0. 113	a
7	T7	2. 0 t/ha	0. 113	a
8	T8	3. 5 t/ha	0. 100	a
9	T9	4. 0 t/ha	0. 097	a

(1): Los Tratamientos unidos por la misma letra no se diferencian estadísticamente

4.4.8.3 Después de la cosecha de soja

Tab. 5. 97. - Análisis de varianza de K cambiable después de soja.

Fuente de Variabilidad	G. l.	Suma de Cuadrados	Cuadrados Medios	Va-lor F	Signifi-cación
Bloques	3	0. 00969	0. 00323	0.	N. S.
Tratamientos	8	0. 15504	0. 01938	1.	N. S.
Error	24	0. 45600	0. 01900	02	
TOTAL	35	0. 72473	-----	CV: 7. 56%	

Tab. 5. 98. - Prueba de Duncan de K-cambiable después de soja

Número ORDEN	TRATAMIENTO Clave	Dosis Magnecal	K-Cambiable cmol (+)/kg	Significancia DUNCAN
1	T1	0. 0 t/ha	0. 107	a
2	T2	0. 5 t/ha	0. 104	ab
3	T3	1. 0 t/ha	0. 104	ab
4	T4	1. 5 t/ha	0. 102	abc
5	T5	2. 0 t/ha	0. 099	abc
6	T6	2. 5 t/ha	0. 099	bc
7	T7	3. 0 t/ha	0. 100	bc
8	T8	3. 5 t/ha	0. 099	c
9	T9	4. 0 t/ha	0. 098	c

1): Tratamientos unidos por la misma letra no se diferencian estadísticamente

Figura 5. 18. Variación de potasio cambiable en el suelo, en respuesta a las dosis de cal al inicio, tras la aplicación de enmienda tras la cosecha de maíz.

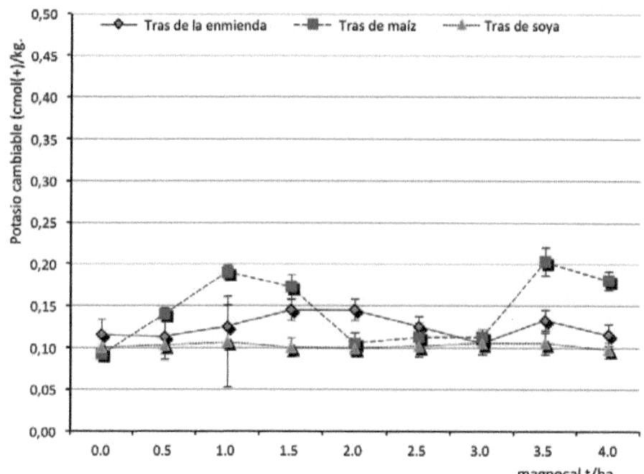

4.4.9 Cambios en el contenido de Sodio Cambiable (cmol (+)/kg

Las tablas 5. 99, 5. 100, 5. 101 y 5. 102, presentan los Anova y Pruebas de Duncan para el contenido de sodio cambiable, antes de la siembra y después de la cosecha de maíz en la primera campaña.

Al observar los Cuadros de Anova (5. 99 y 5. 101) se rva que después del 1período de la incubación de la enmienda, y después de la cosecha de maíz, no se encontró diferencias significativas entre tratamientos en cuanto al contenido de sodio cambiable por efecto de las dosis aplicadas.

En la prueba de Duncan las tablas 5. 100, 5. 102, los anteriores resultados, presentando la no significación en estas evaluaciones, pero muestra las ligeras variaciones encontradas.

Para el caso de sodio cambiable después del período de incubación (tabla 5. 100), los contenidos variaron entre 0. 13 cmol (+)/kg el más bajo a

0. 22 cmol (+)/kg el más alto, sin relación directa a las dosis de cal aplicadas, siendo considerados bajos que no afectan al crecimiento de los cultivos.

Luego de la cosecha de maíz por su parte (tabla 102), hubo un ligero aumento en algunos tratamientos variando de 0. 15 cmol (+)/kg en el más bajo a 0. 35 cmol (+)/kg en el más alto, con la misma tendencia de variación anterior indistintamente de las dosis de enmienda aplicadas. En ambos casos son niveles bajos que no afectan el desarrollo de los cultivos.

Las variaciones registradas pueden atribuirse a la interacción de factores ambientales y otros actuando en las condiciones del medio donde se ejecutó el experimento sin relación directa de las dosis de enmienda aplicadas. No se encontró referencias reportadas por otros investigadores respecto a este tipo de variaciones.

Las variaciones indicadas en las evaluaciones efectuadas se pueden verificar en la Fig. 5. 19

4.4.9.1 Na. cambiable después de la aplicación de la enmienda

Tab. 5. 99. - Anova de Na-cambiable después de la aplicación de la enmienda

Fuente de Variabilidad	G. l.	Suma de Cuadrados	Cuadrados Medios	Valor F	Significación
Bloques	3	0. 03084	0. 0102	5. 14	N. S.
Tratamientos	8	0. 03680	0. 0046	2. 34	N. S
Error	24	0. 04800	0. 0020		
TOTAL	35	0. 11564	-----	-----	CV: 8. 31%

Tab. 5. 100. - Prueba de Duncan de Na-cambiable tras la enmienda

NÚMERO ORDEN	TRATAMIENTO		Na-Cambiable cmol (+)/kg	Significancia DUNCAN
	Clave	Dosis Magnecal		
1	T3	1. 0 t/ha	0. 222	a
2	T4	1. 5 t/ha	0. 215	a
3	T1	0. 0 t/ha	0. 207	ab
4	T6	2. 5 t/ha	0. 178	ab
5	T5	2. 0 t/ha	0. 180	ab
6	T8	3. 5 t/ha	0. 165	ab
7	T9	4. 0 t/ha	0. 160	ab
8	T7	3. 0 t/ha	0. 150	b
9	T2	0. 5 t/ha	0. 130	b

4.4.9.2 Después de la cosecha de maíz

Tab. 5. 101. - Análisis varianza Na-cambiable después de maíz.

Fuente de Variabilidad	G. l.	Suma de Cuadrados	Cuadrados Medios	Valor F	Significación
Bloques	3	0. 10	0. 034	4. 22	N. S.
Tratamientos	8	0. 13	0. 017	2. 06	N. S.
Error	24	0. 19	0. 008		
TOTAL	35	0. 43	-----	-----	CV: 9. 74%

Tab. 5. 102. - Prueba de Duncan de Na-cambiable después de maíz.

NUMERO ORDEN	TRATAMIENTO		Na. -cambiable cmol (+)/kg	Significancia Duncan
	Clave	Dosis Magnecal		
1	T4	1. 5 t/ha	0. 35	a
2	T7	3. 0 t/ha	0. 25	ab
3	T8	3. 5 t/ha	0. 22	ab
4	T9	4. 0 t/ha	0. 21	ab
5	T5	2. 0 t/ha	0. 18	b
6	T6	2. 5 t/ha	0. 17	b
7	T3	1. 0 t/ha	0. 16	b
8	T1	0. 0 t/ha	0. 16	b
9	T2	0. 5 t/ha	0. 15	b

1): Los Tratamientos unidos por la misma letra no se diferencian estadísticamente.

Fig. 5. 19. - Variación del sodio cambiable en el suelo, en respuesta a las dosis de magnecal tras la enmienda y la reco lección de maíz.

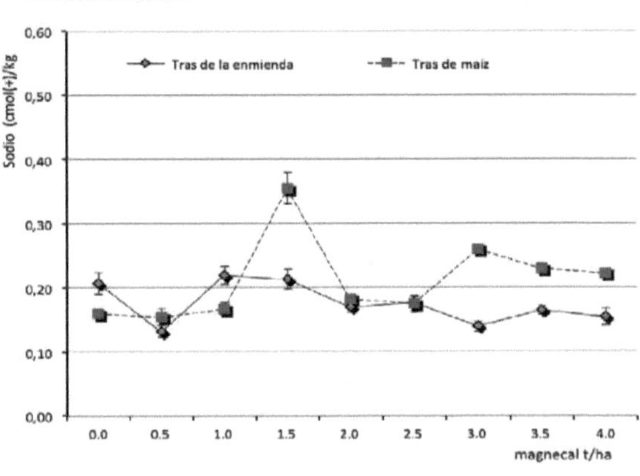

4.4.10 Cambios en contenido de Aluminio + Hidrógeno. Cambiable (cmol (+)/kg

Los resultados de Anova y Prueba de Duncan del contenido de Aluminio + Hidrogeno cambiable del suelo, como efecto de la aplicación de las dosis de magnecal antes de la siembra y después de la cosecha de maíz en primera campaña y después de la cosecha de soya en segunda campaña, se presentan en las tablas del 5. 103 al 5. 108.

Al observar las tablas de Anova (5. 103, 5. 105 y 5. 107) se puede ver que en las dos primeras evaluaciones no hubo diferencias estadísticas entre los tratamientos. En la tercera evaluación si se manifiesta diferencias estadísticas.

Las tablas de Duncan por su parte (5. 104, 5. 106 y 5. 108), presentan los promedios de Aluminio + Hidrógeno cambiable del suelo que en todos los casos son bajos y que con la aplicación de las dosis de enmienda disminuyeron aún más en relación directa al incremento de las dosis de cal aplicadas, es decir el contenido de Aluminio + Hidrogeno fue menor cuanto mayores fueron las dosis de enmienda aplicadas.

Los contenidos de Aluminio + Hidrógeno antes de la siembra de maíz variaron desde 0. 08 cmol (+)/kg en T-9 (4. 0t/ha) hasta 5. 00 cmol (+)/kg en el tratamiento testigo. A su vez después de la cosecha del maíz los contenidos de Aluminio + Hidrógeno estuvieron entre 0. 32 (T-9) a 5. 0 (T-2) cmol (+)/kg, mientras que después de la cosecha de soya la variación fue de 0. 20 (T-9) a 4. 97 (T-1) cmol (+)/kg, considerando la disminución en relación directa al aumento de las dosis de cal. Esta disminución era de esperarse por los carbonatos presentes en la cal (77% CaCO3 y 19% MgCO3) que fueron las que neutralizaron al aluminio presente, permitiendo que los iones Ca++ y Mg++ disociados remplacen al aluminio del complejo de cambio y este sea desplazado a la solución donde al reaccionar con los iones OH- del agua forma compuestos sin carga que se precipitan como Al (OH)3 (Kamprath, 1967).

Es importante indicar que los contenidos de Aluminio + Hidrógeno cambiables encontrados aún en el tratamiento testigo no fueron limitantes para los cultivos pues sus concentraciones en relación al contenido de bases fueron sumamente bajas en la capa arable del suelo.

Se observa que después de la cosecha de soya, en el tratamiento testigo la acidez intercambiable tendió a aumentar, esto puede ser debido a los fertilizantes químicos aplicados al cultivo de maíz que provocó acidificación del suelo y favoreció la adsorción de iones H^+ y Al^{3+} en el complejo de cambio. Además, al pasar el calcio y magnesio a la solución y ser absorbidos por las plantas dejaron libres cargas negativas en el coloide que fueron ocupadas por hidrógeno y aluminio (Tisdale y Nelson, 1977)

Las experiencias de encalado en suelos ácidos minerales con altos contenidos de aluminio + hidrógeno cambiables realizados por diversos investigadores tanto en invernadero como en campo, mostraron similares resultados, confirmando la efectividad de la cal para controlar la acidez intercambiable del suelo (Kamprath, 1967; Del Águila 1968; Villachica y Buendía, 1976; Villagarcía et al, 1976; Tisdale y Nelson, 1977; Buckman y Brady,

1977; Fassbender, 1984). La variación objetiva de los contenidos de Aluminio + Hidrógeno cambiables en las tres evaluaciones (Fig. 5. 20)

4.4.10.1 **Después de la aplicación de la enmienda**

Tab. 5. 103. - Anova de AL+H-cambiable después de la enmienda

Fuente de Variabilidad	G. l.	Suma de Cuadrados	Cuadrados Medios	Valor F	Significación
Bloques	3	0. 02	0. 008	2. 50	N. S.
Tratamientos	8	0. 04	0. 005	1. 71	N. S
Error	24	0. 08	0. 003		
TOTAL	35	0. 14	-----	-----	CV: 3. 92%

Tab. 104. - Prueba de Duncan de AL+H- cambiable después de la enmienda.

NUMERO ORDEN	TRATAMIENTO		AL+H cmol (+)/kg	SIGNIFICANCIA DUNCAN
	Clave	Dosis Magnecal		
1	T1	0. 0 t/ha	5. 0	a
2	T2	0. 5 t/ha	4. 5	a
3	T3	1. 0 t/ha	3. 9	ab
4	T4	1. 5 t/ha	3. 22	ab
5	T5	2. 0 t/ha	2. 52	ab
6	T6	2. 5 t/ha	2. 15	ab
7	T7	3. 0 t/ha	1. 5	ab
8	T8	3. 5 t/ha	1. 1	ab
9	T9	4. 0 t/ha	0. 8	b

(1): Los Tratamientos unidos por la misma letra no se diferencian estadísticamente

4.4.10.2 Después de la cosecha de maíz

Tab. 105. - Anova de Al+H-cambiable después de la cosecha de maíz.

Fuente de Variabilidad	G. l.	Suma de Cuadrados	Cuadrados Medios	Valor F	Significa-ción
Bloques	3	0. 0384	0. 0128	0. 64	N. S.
Tratamientos	8	0. 1344	0. 0168	0. 84	N. S.
Error	24	0. 4800	0. 0200		
TOTAL	35	0. 6528	-----	-----	CV: 3.

Tab. 106. - Prueba de Duncan de Al+H cambiable después de maíz.

NUMERO ORDEN	TRATAMIENTO		Al+H cmol (+)/kg	SIGNIFICANCIA DUNCAN
	Clave	Dosis Magnecal		
1	T2	0. 5 t/ha	5. 00	a
2	T4	1. 5 t/ha	4. 20	a
3	T1	0. 0 t/ha	3. 30	b
4	T3	1. 0 t/ha	2. 50	b
5	T5	2. 0 t/ha	2. 05	b
6	T6	2. 5 t/ha	1. 52	b
7	T7	3. 0 t/ha	1. 01	b
8	T8	3. 5 t/ha	0. 47	b
9	T9	4. 0 t/ha	0. 32	b

(1): Los Tratamientos unidos por la misma letra no se diferencian estadísticamente

4.4.10.3 Después de la cosecha de soja

Tab. 5. 107. - Anova de Al+H cambiable después de la cosecha de soja.

Fuente de Variabilidad	G. l.	Suma de Cuadrados	Cuadrados Medios	Valor F	Signifi-cación
Bloques	3	0. 06	0. 021	1. 12	N. S.
Tratamientos	8	1. 72	0. 215	11. 51	XX
Error	24	0. 45	0. 019		
TOTAL	35	2. 24	-----	CV: 9. 12%	

Tab. 5. 108. - Prueba de Duncan de Al+H cambiable después de soja.

NUMERO ORDEN	TRATAMIENTO		Al+H cmol (+)/kg	Significancia Duncan
	Clave	Dosis Magnecal		
1	T1	0. 0 t/ha	4. 97	a
2	T2	0. 5 t/ha	3. 5	b
3	T3	1. 0 t/ha	3. 0	bc
4	T4	1. 5 t/ha	2. 2	bcd
5	T5	2. 0 t/ha	1. 5	bcd
6	T6	2. 5 t/ha	1. 0	cd
7	T7	3. 0 t/ha	0. 8	cd
8	T8	3. 5 t/ha	0. 5	d
9	T9	4. 0 t/ha	0. 2	d

(1): Los Tratamientos unidos por la misma letra no se diferencian estadísticamente

Fig. 5. 20. -. Variación del Al + H intercambiables del suelo, en respuesta a las dosis de magnecal, evaluadas antes de la siembra, tras la cosecha de maíz y tras la cosecha de soja.

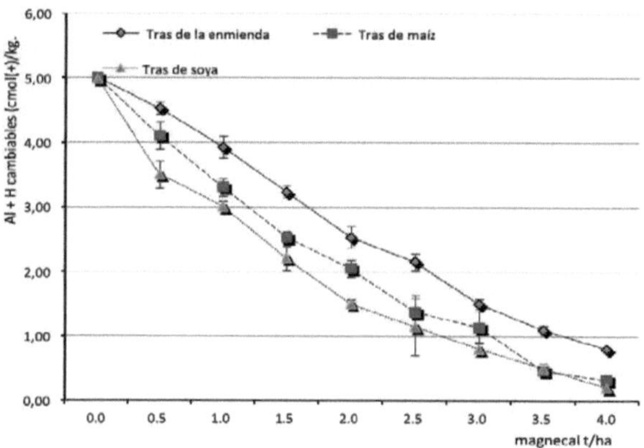

5. CONCLUSIONES

5. 1 Sobre rendimiento en grano de los cultivos tras aplicación de las enmiendas

5.1. 1. Dosis de humus de lombriz y roca fosfórica de bayovar

- La aplicación de las enmiendas humus de lombriz (dosis: 10, 15 y 20 t/ha) y roca fosfórica de bayovar (dosis: 100, 150 y 200 kg/ha de P_2O_5)), incorporados a un suelo ácido ultisol de la zona del Bajo Mayo, Región San Martín, Selva alta del Perú; contribuyeron a elevar los rendimientos en grano de variedades tradicionales de maíz (var. "marginal 28 tropical"), cowpea (var. "san roque") y soja (var. "nacional"), sembrados bajo un sistema de rotación (maíz- cowpea-maiz-soja); habiéndose obtenido incrementos en relación di- recta al aumento de las dosis aplicadas, encontrándose diferencias estadísticas entre tratamientos, siendo el humus el de mayor efecto.
- Los tratamientos sobresalientes fueron aquellos que recibieron las mayores dosis de humus (15 y 20 t/ha) en combinación con las mayores dosis de roca fosfórica (150 y 200 kg/ha de P_2O_5). A su vez los de menor rendimiento aquellos sin aplicación de humus.
- Para maíz (1ª fase experimento), los tratamientos T_{15} (20-150) y T_{16} (20-200) alcanzaron los más altos rendimientos con 1107. 0 y 1105. 0 kg/ha de grano. Los menores fueron: T_4 (0-200), T_3 (0-150), T_1 (0-0) y T_2 (0-100), con 575. 0, 525. 2, 518. 5 y 512. 8 kg/ha, respectivamente.
- En el cowpea (2ª fase), igualmente los tratamientos sobresalientes fueron: T_{16} (20 -200), T_{15} (20-150) y T_{14} (20-100), con rendimientos

de 2244. 0, 2099. 0 y 2017. 0 kg/ha. Por su parte los de menor rendimiento: T_4 (0-200), T_3 (0-150), T_2 (0-100) y T_1 (0-0) con 1469. 0, 1407. 0, 1406. 0 y 1298. 0 kg/ha, respectivamente.

- En maíz (3ª fase), los tratamientos con mayor rendimiento fueron: T-16 (20-200) con 1674. 0 kg/ha y T-15 (20-150) con 1544. 0 kg/ha. A su vez, los tratamientos de menores rendimientos fueron los que no recibieron humus y con las menores dosis de RFB que produjeron
509. 1 kg/ha en T_1 (0-0) y 489. 2 kg/ha en T_2 (0-100).
- Para soja (4ª fase), los tratamientos sobresalientes de nuevo fueron T-16 (20-200), T-15 (20-150) y T14 (20-100) con rendimientos de 1485. 0, 1222. 0 y 1073 kg, /ha de granos. Por otro lado, los de menores rendimientos los que no tuvieron aplicación de humus, que alcanzaron: 487. 0 kg/ha en T_3 (0-150), 428. 4 en T_2 (0-100) y 373. 9 kg/ha en T_1 (0-0).
- El maíz variedad "marginal 28 tropical" y la soja variedad "nacional", fueron los cultivos de menor tolerancia a las altas concentraciones de aluminio y escasa disponibilidad de nutrientes del suelo, produciendo muy bajos rendimientos sin enmiendas y aun cuando reaccionaron a las aplicaciones de las mismas, sus rendimientos no fueron económicamente rentables
- El cowpea variedad "san roque" mostro tolerancia a la acidez natural del suelo, logrando buen rendimiento sin enmiendas y respondiendo positivamente a aplicaciones de las mismas al elevar sus rendimientos.

5. 1. 2 Dosis de la enmienda magnecal

- La aplicación de magnecal al suelo ácido en el que se trabajó, contribuyó a elevar significativamente los rendimientos de los cultivos de maíz variedad INIA 602 y soja variedad Cristalina, en relación directa al aumento de las dosis de enmienda aplicadas.
- Los mayores rendimientos de maíz, se obtuvieron con dosis de 3. 0, 3. 5 y 4. 0 t/ha de la enmienda, con 4057. 0, 4397. 0 y 4659. 0 kg/ha

de grano. A su vez el menor rendimiento fue con el tratamiento testigo (sin encalar), que arrojó un total de 2695. 0 kg/ha de grano.

- En el cultivo de soja sobresalieron igualmente las dosis 3. 0, 3. 5 y 4. 0 t/ha de magnecal con rendimientos de 1447. 0, 1467 y 1651. 0 kg/ha de grano, mientras que el testigo (sin enmienda) solo alcanzó 569. 0 kg/ha.
- La variedad de maíz INIA 602, mostró tolerancia a la acidez del suelo, manifestada por su buen rendimiento en el tratamiento sin encalar. En cambio la soja variedad Cristalina se mostró sensible, pues su rendimiento sin cal fue muy bajo.

5. 2. Efecto de las enmiendas en algunas características químicas del suelo.

5. 2. 1 Efectos del humus de lombriz y roca fosfórica de bayovar

- Se encontró que el humus de lombriz y roca fosfórica de bayovar elevaron el pH del suelo en forma gradual con el incremento de las dosis respectivas. En primera evaluación el pH subió de 5. 05 en T_1 (0-0) a 5. 55 y 5. 72 en T_{15} (20-150) y T_{16} (20-200), respectivamente. A su vez en la segunda evaluación, el pH se elevó de 5. 2 en T_1 a. 6. 0 y 6. 1 en T_{15} y T_{16}, respectivamente.
- La materia orgánica, se incrementó en relación directa al aumento de las dosis de humus, elevándose más en combinación con las mayores dosis de roca fosfórica. En la primera evaluación el aumento fue desde 2. 66 % en T_1 (0-0) hasta 3. 29 en T_{16} (20-200). A su vez en la segunda evaluación el aumento fue desde 2. 8 % en el testigo hasta 4. 23 % en T_{16}.
- El fósforo disponible, tuvo incrementos en concordancia con el aumento de las dosis de roca fosfórica. Dosis de 150 y 200 kg/ha de P_2O_5 fueron las más sobresalientes. En la primera evaluación el incremento fue desde 8. 75 ppm en T_1 (0-0) hasta 17. 0 ppm en T_{12}

(15-200). Por su parte, al final del experimento el incremento fue desde 10. 0 ppm en T_1 hasta. 21. 5 ppm en T_{16} (20-200).

- El calcio + magnesio cambiables, igualmente se incrementaron mejor con las aplicaciones de humus de lombriz y roca fosfórica en forma combinada. El aumento fue en la primera evaluación desde 1. 6 cmol (+)/kg en los tratamientos 1 y 2 (sin humus) hasta 2. 57 cmol (+)/kg en T_{16}. Por su parte en la segunda evaluación (final del experimento) el aumento fue desde 1. 72 cmol (+)/kg en el tratamiento más bajo (T-2) hasta 3. 9 cmo (+)/kg. en T_{16}
- Finalmente, los contenidos de aluminio intercambiable disminuyeron en relación inversa con los aumentos de las dosis de humus y roca fosfórica. En la primera evaluación el aluminio fue de 5. 2 cmol (+)/kg en T_1 (0-0), el cual disminuyó con la aplicación de las combinaciones de humus y roca hasta 3. 47 cmol (+)/kg, en T_{16} (20-200). A su vez al final del experimento el aluminio disminuyo de 5. 0 cmol (+)/kg (T_1) hasta 1. 87 cmol (+)/kg en T_{16}.

5. 2. 2 Efectos del magnecal

- El pH del suelo se elevó significativamente en relación directa al aumento de las dosis de magnecal aplicadas (t/ha). Después de aplicación de la enmienda (1ª evaluación), el pH varió de 4. 91 en T_1 (0. 0) hasta 6. 28 en T_9 (4. 0). Después de cosecha de maíz (2ª evaluación), la variación fue de 5. 09 (T_1) a 6. 16 (T_9). Al final del experimento, después de cosecha de soja (3ª evaluación), varió de 4. 62 (T_1) a 6. 41 (T9).
- Se encontraron variaciones irregulares no significativas en los contenidos de materia orgánica del suelo, alcanzando valores entre 1, 12 % y 1, 87%, en general considerados bajos y sin relación directa con las dosis de enmienda aplicadas. Las variaciones pueden atribuirse a factores no controlados como distribución irregular de rastrojos en las parcelas y diferente escorrentía e infiltración del agua de lluvia que arrastra la materia orgánica del suelo.

- Las dosis de magnecal tendieron a afectar la disponibilidad de fósforo al parecer relacionados con los cambios de pH del suelo pero sin inferencia significativa. Con dosis de 2. 5 t/ha el fósforo fue más disponible en las tres evaluaciones encontrándose a pH entre 5. 8 a 6. 11. En todos los casos los niveles de fósforo disponible fueron bajos (menor a 8 ppm).
- La disponibilidad del potasio en el suelo fue variable sin ser estadísticamente significativa y no relacionada directamente con las dosis de cal aplicadas. La disponibilidad de K varió de 52. 75 a 72. 75 ppm en la 1ª evaluación y de 23. 5 a 62. 25 en la segunda; en ambos casos fueron muy bajos. Después de la cosecha de maíz hubo disminución atribuible a la absorción del nutriente por la planta y posibles pérdidas por lixiviación.
- El calcio cambiable del suelo se incrementó en forma creciente a la aplicación de las dosis de magnecal, pero sin ser estadísticamente significativas. Los contenidos variaron desde 3. 23 hasta 5. 27 cmol (+)/kg después de la aplicación de la enmienda y 2. 82 hasta 4. 5 cmol (+)/kg después de la cosecha de maíz.
- Igualmente, el magnesio cambiable del suelo se incrementó con el aumento de las dosis de magnecal. El crecimiento fue de 0. 86 a 1. 21 cmol (+)/kg, después de la aplicación de la enmienda, y desde 0. 72 hasta 1. 26 cmol (+)/kg, después de la cosecha de maíz.
- El contenido de calcio + magnesio cambiable en conjunto después de la cosecha de soja aumentó linealmente en forma proporcional al aumento de las dosis de magnecal. Los niveles crecieron desde 5. 37 hasta 9. 37 cmol (+)/kg, mostrando el efecto residual benéfico de la enmienda.
- En general el contenido de potasio cambiable del suelo tendió a disminuir en relación inversa al aumento de las dosis de cal aplicadas. La variación fue de 0. 115 a 0. 09 cmol (+)/kg en 1ª evaluación, de 0. 099 a 0. 097 cmol (+)/kg en 2ª evaluación y de 0. 107 a 0. 098 cmol (+)/kg en 3ª evaluación. Esto se atribuye al desbalance en las

relaciones Ca/K creado por la adición de calcio componente principal de la enmienda.

- Los contenidos de sodio cambiable del suelo sufrieron variaciones irregulares, no significativas estadísticamente y sin relación directa con las dosis de cal aplicadas. El Na varió de 0. 13 a 0. 22 cmol (+)/kg en 1ª evaluación y 0. 15 a 0. 35 cmol (+)/kg en 2ª evaluación.
- Se encontró una relación inversa entre los contenidos de aluminio + hidrógeno intercambiables del suelo y las dosis de magnecal, disminuyendo significativamente a niveles muy bajos con el aumento de las dosis de la enmienda al final del experimento. En este la acidez intercambiable disminuyó de 4. 97 (dosis 0. 0) a 0. 2 cmol (+)/kg (dosis 4. 0 t/ha).

5. 3 Análisis económico

- Ninguna de las dosis de humus de lombriz y roca fosfórica de bayovar dieron económicamente una relación beneficio/costo positiva para el sistema de rotación de cultivos evaluados. Las variedades tradicionales de maíz (Marginal 28 tropical) y soja (nacional) utilizadas, fueron muy susceptibles a los problemas de acidez del suelo, impidiendo rentabilidad en el sistema productivo, pese a las mejoras en las condiciones químicas del suelo como efecto de las enmiendas aplicadas.
- Las dosis de magnecal entre 2. 5 a 4. 0 t/ha, arrojaron una relación beneficio/costo positiva para la rotación maíz-soja con las variedades mejoradas, ofreciendo la posibilidad de ser rentable en campañas sucesivas, aprovechando el efecto residual de la enmienda a dichas dosis. En cambio a menores dosis la relación beneficio/costo fue negativa, siendo el testigo sin cal el más bajo.

- Para recuperar suelos ácidos similares al que se hizo el estudio, en la selva peruana, y tener una productividad rentable con cultivos anuales, se recomienda la siembra de cultivos utilizando variedades tolerantes a la acidez como maíz INIA-602 y cowpea variedad "san roque", junto con la aplicación de enmiendas como humus de lombriz, roca fosfórica de bayovar y magnecal, en las dosis que sobresalieron en el presente estudio.

6. BIBLIOGRAFIA

AGUIRRE, G. 1996. Evaluación de fuentes de fósforo en el rendimiento de la papa con énfasis en roca fosfatado y fuentes orgánicas. Universidad Nacional Agraria la Molina, Facultad de Agronomía. Lima, Perú.

BENITES, J. 1981. Suelos de la Amazonía Peruana: Su potencial de uso y de desarrollo. INIPA, North Carolina State University. Separata N° 09. Yurimaguas, Perú. 11p.

BERNALES, C. 1995. Efecto de niveles de gallinaza como materia orgánica en la producción de maíz amarillo duro (Zea mays) en un suelo ultisol de Aucaloma, Tesis Ing. Agrónomo. Facultad de Ciencias Agrarias U. N. S. M-T, Perú 58 p.

BERNIER, R y ALFARO, M. 2006. Acidez de los suelos y efectos del encalado. Instituto de Investigaciones Agropecuarias (INIA). Ministerio de Agricultura. Boletin INIA N° 151. Chile. 45p.

BERTSCH, F. 1986. Manual para interpretar la fertilidad de los suelos de Costa Rica. Universidad de Costa Rica, Escuela de Fitotecnia. San José de Costa Rica. 75p.

BLACK, C. 1975. Relaciones suelo-planta Tomo II. Editorial Hemisferio Sur. Buenos Aires, Argentina. . . 675-679pp.

CASTELLANOS, J. Z. 2014. Acidez del Suelo y su Corrección. Hojas Técnicas de Fertilab, México. 4 p.

CHAPPA. C. 1992. Evaluación preliminar de fuentes y niveles de fósforo para el cultivo de maíz en un suelo ácido de la Banda de Shilcayo. Tesis Ing. Agrónomo Facultad de Ciencias Agrarias UNSM-Tarapoto, Perú. 101 p

CHUNG. F. 2014. Vertisoles y Ultisoles: características, comparaciones y manejo.
http://www. academia. edu.

COLEMAN, N. T. y THOMAS, G. W. 1967. The basic chemistry of Soil Acidity. In Soil Acidity and Liming. R. Pearson and F. Adams (eds) N° 12, In the Societies Agronomy American Society of Agronomy. Pulbl. Madira, Wise U. S. A. p. 34

DEL AGUILA, EA. 1968. Estudio De la toxicidad del aluminio, utilizando como planta indicadora el algodón. Tesis Ing. Agrónomo. Universidad Nacional Agraria La Molina, Facultad de Agronomía, Lima, Perú. 55p.

DOUROUJEANNI. M, 1990. Amazonía ¿Qué hacer? Centro de Estudios Teológicos de la Amazonía. Iquitos, Perú. 444p

ENCI. 1980. Manual de Fertilizantes. Lima - Perú. 104 p.

ESTRATEGIA REGIONAL DE DIVERSIDAD BIOLÓGICA AMAZONICA (ERDBA). 2001. Instituto de Investigaciones de la Amazonía Peruana – Proyecto BIODAMAZ. Iquitos, Perú. 143p

FASSBENDER, W. H. 1986. Química De Suelos con Énfasis en Suelos de América Latina. IICA, San José Costa Rica. 398 p.

FOY, C. D. ; FLEMING, A. I. and W. H. ARNIGER. 1969. Aluminiun of Soybean varieties in relation to calcium nutrition Agronomy J. 62 (4): 505-511 pp

FUENTES, V. 1987. La Crianza de la Lombriz Roja. Madrid España.
FUNDAAM, 1999. Experimentación en el cultivo de arroz (*Oriza sativa*) con enmienda de caliza dolomítica. Convenio PEAM y Cementos Pacasmayo, Moyobamba. Perú.

GOMERO, L. 1991. Agroquímicos, Problemática Nacional y Política. Alternativas. J. R. Ediciones. Lima, Perú.

GONZÁLES, N. 2000. "Fijación Biológica del Nitrógeno (FBN) en soja. Cómo elegir el mejor inoculante comercial". Internet. http://www. inta. com. ar.

INE, 1982. Compendio Estadístico 1982. Instituto Nacional de Estadística. Lima.

INEI, 2008. San Martín. Principales indicadores demográficos, sociales y económicos a nivel provincial y distrital. Censos 2007. Instituto Nacional de Estadística e Informática. Lima, Perú.

INIA, 2000. Informe Anual Programa Nacional de maíz y Arroz. Estación Experimental "El Porvenir". Tarapoto, Perú. 15p.

INIA, 2001. Informe Anual Programa Nacional de maíz y Arroz. Estación Experimental "El Porvenir". Tarapoto, Perú. 30, 31pp.

KAMPRATH, J. E. 1980. La Acidez en Suelos bien drenados de los Trópicos con Limitantes para la producción de alimentos. INIPA - CIPA XVI. Estación Experimental de Yurimaguas. Programa de Suelos Tropicales. Yurimaguas Perú.
25 p

. **MINERO PERU. 1987.** Características químicas y de solubilidad del Fosbayovar. Lima, Perú. 18 p.

LOPEZ, I. 1980. Respuesta al encalado en suelos Oxisoles y Ultisoles de Venezuela. En: Agronomía tropical 31 (1-6): 37-57. p. Centro Nacional de Investigaciones Agropecuarias. Maracay, Venezuela.

MARTÍNI, J. A. 1968. Algunas notas sobre el encalado en los suelos ácidos del trópico. Turrialba 18 (3): 249-256pp.

MILLAR, C. E; L. M. TURK y H. D. TOTH. 1962. Fundamentos de la ciencia del suelo. John Wiley and Sons. New York. 205-231 pp.

MINISTERIO DE AGRICULTURA. 1977. Lineamientos de Política par Asentamientos Rurales en las Regiones de Selva y Ceja de Selva. Lima, Perú. 26p.

MINISTERIO DE AGRICULTURA, 1998. Guía de manejo del cultivo de maíz. Tarapoto, Perú.

NOVAK, A. 1990. La Lombriz de Tierra. Curso Básico de Lombricultura. Ciencia y Tecnología. Lima, Perú.

ONERN. 1983. Estudio detallado de suelos sectores Lamas, Alto Sisa, Buenos Aires, Pajarillo y Proyecto Irrigación Pasaraya. Departamento de San Martín. Informe, Anexos y Mapas. Lima, Perú.

PARKER, M; GAINES, T; JONES, J; WALKER, M; BOSWELL, F and DOWLER, C. 1988. The effect of limestone on corn, soybeans and peanuts for seventeen years. The Georgia agricultural Experiment Station, College of agriculture. The University of Georgia. USA. 31p.

PARRA, J. 1971. El encalado de cinco cultivos en suelos derivados de cenizas volcánicas, zona cafetera. En: Suelos Ecuatoriales. Acidez y encalamiento en el trópico. Sociedad Colombiana de la Ciencia del Suelo Vol III N° 1. 133-153pp.

PEARSON, R. W. 1971. Introduction to symposium. The Soil solution. Soil Sci. Soc. Amer. Proc. 35. 417-420 pp.

PEREZ, R. 1980. Efecto del encalado en la neutralización del aluminio intercambiable y sobre el crecimiento del tomate (Lycopersicon esculentum). En: Agronomía Tropical Venezuela 36 (1-3): 89-110pp.

RENGIFO C. e HIDALGO, E. 1988. Programa de Recuperación de Suelos Ácidos. Servicio de Extensión Alto Mayo. Moyobamba, Perú. 4 p.

RICALDI, V. N. 1990. « Desarrollos de Tecnologias Agrarias en Selva Alta Apodesa ». Lima –Perú 68-73 p

RIOS, B Y SANCHEZ, M. 1993. Manual de Lombricultura en el Trópico Húmedo. Gráfica S. A. Iquitos, Perú.

SANCHEZ, Cl, 2006. Enmiendas calizas y corrección de suelos ácidos. Fertiberia. España.

SANCHEZ, P y BENITES, j. 1983. Opciones tecnológicas para el manejo racional de suelos en la selva peruana. INIPA, North Carolina State Univrsity. Programa de Suelos Tropicales. Separata N° 06. Yurimaguas, Perú. 68p.

SANCHEZ, P y S. W. BUOL. 1971. Características morfológicas, química y mineralógica de algunos suelos principales de la Selva Amazónica Peruana. Prog. Nac. De Arroz (Perú). Inf. Técnico. 56 p.

SANCHEZ, A. P. y SALINAS, G. S. 1983. Suelos Ácidos. Estrategias para su manejo con bajos insumos en América Tropical. Sociedad colombiana de la Ciencia del Suelo. Colombia 92 p.

TASISTRO, A. 2013. Acidez del suelo. International Plant Nutrition Institute (IPNI). www. ipni. net

TENIAS, J. 1989. Efecto del encalado en la producción de cuatro variedades de caña de azúcar sembradas en un Ultisol del estado de Monagas. Revista Caña de Azúcar Vol 7 (1), 5-16pp.

THORNE y N. SEATZ 1963. Suelos ácidos, alcalinos y sódicos. En f. Bear Química de Suelos. Interciencia. Madrid. 261-283 pp.

TISDALE, S y NELSON, W. 1977. Fertilidad de los suelos y fertilizantes. Montaner y Simon, S. A. Barcelona, España. 759p

URIBE, B. 1987. Curso de Fertilidad de Suelos Ácidos. CIPA XVI. Estación Experimental de Yurimaguas. Programa de Suelos Tropicales. Yurimaguas. Programa de Suelos Tropicales - Yurimaguas, Perú. 132 p.

URQUIAGA, S. 1980. Suelos, Fertilizantes y Fertilización. Departamento de Suelos y Fertilizantes UNA. La Molina, Lima, Perú.

VILLACHICA, H y BUENDIA, H. 1976. Respuesta del maíz a seis enmiendas cálcicas aplicadas a un ultisol de Pucallpa. Anales científicos UNA La Molina Vol XIV (1-4) Lima, Perú. 117 – 132pp

VILLACHICA, H Y PEREZ, D. 1978. Efecto residual de seis enmiendas calcáreas cultivado con pasto pangola. Anales Científicos UNA La Molina XV (1-4), Lima Perú. 109-119pp.

VILLACHICA, H y SÁNCHEZ, P. 1977. Informe Anual Proyecto Internacional de suelos tropicales. Soil Science Department North Carolina State University, convenio Misterio de Alimentación, estación Experimental de Yurimaguas. Perú. 62p.

VILLAGARCIA, S; MEYER, R; URQUIAGA, S: ZAPATA, F; BAZAN, R; et al 1976. Resultados de Ensayos de Invernadero y de Campo sobre fertilización y nutrición mineral en el cultivo de la papa durante el período de 1974 – 1975. UNA "La Molina" Lima, Perú. 120 pp.

VILLAGARCIA, S; MALAGAMBA, P. URQUIAGA, S. ; PACHECO, A. VILLAGARCIA, M; PICCINI, D. 1982. Fertilización de la papa en los trópicos húmedos resultados de los ensayos de invernadero y de campo 1979-1981. UNA "La Molina". Lima, Perú. pp. 1-40.

VILLAGARCIA, M. 1982. Control de la toxicidad de Aluminio en el cultivo de la papa (*Solanum tuberosum*). Tesis Ing. Agr. UNA "La Molina" 94 p.

VERDERA, F. 1984. Notas sobre población, recursos y empleo en la selva peruana. Lima, Perú. 92p.

VLAMIS, J. 1963. Acid soil infertility as related to soil solution and solid phase effects. Soil Sci. 75: 383-394.

VITORINO, F. B. 1994. Lombricultura práctica. Kayra. Cusco, Perú.

WADE, M y SANCHEZ, P. 1975. Informe Anual Proyecto Internacional de suelos tropicales. Soil Science Department North Carolina State University, Convenio Ministerio de Alimentación, Estación Experimental de Yu- rimaguas. 62p.

ZAMORA, 1974. Regiones de uso de la tierra del Perú. Oficina Nacional de Recursos Naturales. Lima, Perú. 19p

ZAVALETA, A. 1992. Edafología. Consejo Nacional de Ciencia y Tecno- logía. Lima, Perú. 223p.

ZEGARRA, L. E. 2000. Tesis, "Comparativo de Rendimientos de seis Cultivares de Soya". UNSM-Molinos Mayo. Huallaga Central Picota-Perú.
22 p.

ANEXOS:

Indice de Tablas

Indice de Figuras

INDICE DE TABLAS

Tab. 1. 1. -Extensión de los suelos predominantes de la Amazonía peruana
Tab. 3. 1. -Relaciones de balance entre cationes básicos del suelo
Tab. 3. 2. -Composición mineral de la roca fosfórica de Bayovar
Tab. 3. 3. -Rendimientos de cultivos con y sin cal en suelo ácido de
Tab. 4. 1. -Análisis químico del humus de lombriz
Tab. 4. 2. -Composición de la roca fosfórica molida
Tab. 4. 3. - Características agronómicas del maíz Marginal 28-T e INIA-602
Tab. 5. 1. - Análisis de varianza para el rendimiento en grano de maíz en la primera campaña bajo los efectos RF – HL.
Tab. 5. 2. - Efecto del HL sobre el rendimiento del maíz en la primera campaña (kg/ha). (P< 0, 05; Método: LSD)
Tab. 5. 3. - Efecto de RF sobre el rendimiento del maíz en la primera campaña (kg/ha). (P< 0, 05; Método:
Tab. 5. 4. - Prueba de Duncan para el rendimiento en grano de maíz (kg/ha), primera campaña (Int. HL-RF).
Tab. 5. 5. - Análisis de varianza para el rendimiento en grano de cowpea en la segunda campaña.
Tab. 5. 6. - Prueba de Duncan para el efecto del HL sobre el rendimiento del cowpea en la segunda campaña.
Tab. 5. 7. - Prueba de Duncan para el efecto RF sobre el rendimiento de cowpea en la segunda campaña
Tab. 5. 8. - Prueba de Duncan para el rendimiento de cowpea, segunda campaña (Interacción. HL- RF).
Tab. 5. 9. -Análisis de varianza para el rendimiento en grano de maíz en la tercera campaña.
Tab. 5. 10. - Prueba de Duncan para el efecto de HL sobre el rendimiento de maíz en la tercera campaña (kg/ha)
Tab. 5. 11. - Prueba de Duncan para el efecto del roca fosfórica sobre el rendimiento del maíz en la tercera campaña (kg/ha)
Tab. 5. 12. - Prueba de Duncan para el rendimiento en grano de maíz (kg/ha), en la tercera campaña (Int. humus-roca).
Tab. 5. 13. - Análisis de varianza para el rendimiento en grano de soya en la cuarta campaña

Tab. 5. 14. - Prueba de Duncan para el efecto de HL sobre el rendimiento de soya en la cuarta campaña.
Tab. 5. 15. - Prueba de Duncan para el efecto de RF sobre el rendimiento de soya en la cuarta campaña.
Tab. 5. 16. - Prueba de Duncan para el rendimiento en grano de soja en la cuarta campaña (Int HL-RF).
Tab. 5. 17. - Anova para el rendimiento en grano de maíz en la primera campaña con aplicación de magnecal.
Tab. 5. 18. - Prueba de Duncan para rendimiento de maíz en primera campaña. (Kg/ha) con magnecal
Tab. 5. 19. - Anova para el rendimiento en grano de soja en la segunda campaña con magnecal.
Tab. 5. 20. - Prueba de Duncan para rendimiento de Soya Segunda Campaña con magnecal.
Tab. 5. 21. - Análisis de varianza para los niveles de pH del suelo al final de la Primera Campaña.
Tab. 5. 22. - Prueba de Duncan para el efecto del humus sobre el pH al final de la primera campaña.
Tab. 5. 23. - Prueba de Duncan para el efecto de la roca fosfórica sobre el pH al final de la primera campaña.
Tab. 5. 24. - Prueba de Duncan para los niveles de pH del suelo al final de la primera campaña (Int. Humus-roca).
Tab. 5. 25. - Análisis de varianza para los niveles de pH del suelo al final del experimento.
Tab. 5. 26. - Prueba de Duncan para el efecto del humus sobre el pH del suelo al final del experimento.
Tab. 5. 27. - Prueba de Duncan para el efecto de la roca fosfórica sobre el pH del suelo al final del experimento.
Tab. 5. 28. - Prueba de Duncan para los niveles de pH del suelo (me/100g) al final del experimento (Int H-R)
Tab. 5. 29. - Análisis de varianza para el contenido de Materia Orgánica al final de la primera campaña.
Tab. 5. 30. - Prueba de Duncan para el efecto del humus sobre el contenido de materia orgánica del suelo al final de la primera campaña.
Tab. 5. 31. - Prueba de Duncan para el efecto de la roca fosfórica sobre el contenido de materia orgánica del suelo al final de primera campaña.
Tab. 5. 32. - Prueba de Duncan para el Contenido de Materia Orgánica (%) (Int H-R) al final de la Primera Campaña.

Tab. 5. 33. - Análisis de varianza para el contenido de Materia Orgánica al final del experimento.
Tab. 5. 34. - Prueba de Duncan para el efecto del humus sobre el contenido de materia orgánica del suelo al final del experimento.
Tab. 5. 35. - Prueba de Duncan para el efecto de la roca fosfórica sobre el contenido de materia orgánica el suelo al final del experimento.
Tab. 5. 36. - Prueba de Duncan para el Contenido de Materia Orgánica (%) (Int. H-R) al final del Experimento.
Tab. 5. 37. - Análisis de varianza para el contenido de fósforo disponible al final de la primera campaña
Tab. 5. 38. - Prueba de Duncan para el efecto del humus sobre el contenido de fósforo disponible del suelo al final de la primera campaña.
Tab. 5. 39. - Prueba de Duncan para el efecto de la roca fosfórica sobre el contenido de fósforo disponible del suelo al final de la primera campaña.
Tab. 5. 40. - Prueba de Duncan para el contenido de fósforo disponible (ppm) (Int H-R) al final de la primera campaña.
Tab. 5. 41. - Análisis de varianza para el contenido de fósforo disponible al final del experimento.
Tab. 5. 42. - Prueba de Duncan para el efecto del humus sobre el contenido de fósforo disponible del suelo al final del experimento.
Tab. 5. 43. - Prueba de Duncan para efecto de roca fosfórica sobre el fósforo disponible al final del experimento.
Tab. 5. 44. - Prueba de Duncan para el contenido de fósforo disponible (ppm) (Int H-R) al final del experimento.
Tab. 5. 45. - Análisis de varianza para el contenido de calcio + magnesio cambiable al final de la primera campaña.
Tab. 5. 46. - Prueba de Duncan para el efecto del humus sobre el contenido de calcio + magnesio cambiables del suelo al final de la primera campaña.
Tab. 5. 47. - Prueba de Duncan para el efecto del roca fosfórica sobre el contenido de calcio + magnesio cambiables del suelo al final de la primera campaña.
Tab. 5. 48. - Prueba de Duncan para el contenido de calcio + magnesio cambiables (cmol (+)/kg) (Int H-R) al final de la primera campaña.
Tab. 5. 49. - Análisis de varianza para el contenido de calcio + magnesio cambiable (cmol (+)/kg) al final del experimento.

Tab. 5. 50. - Prueba de Duncan para el efecto del humus sobre el contenido de calcio + magnesio cambiables del suelo al final del experimento.
Tab. 5. 51. - Prueba de Duncan para el efecto del roca fosfórica sobre el contenido de calcio + magnesio cambiables del suelo al final del experimento.
Tab. 5. 52. - Prueba de Duncan para el contenido de calcio + magnesio cambiables (cmol (+)/kg) (Int H-R) al final del experimento.
Tab. 5. 53. - Análisis de varianza para el contenido de aluminio cambiable al final de la primera campaña.
Tab. 5. 54. - Prueba de Duncan para el efecto del humus sobre el contenido de aluminio cambiable del suelo, al final de la primera campaña.
Tab. 5. 55. - Prueba de Duncan para el efecto de la roca fosfórica sobre el contenido de aluminio cambiable del suelo, al final de la primera campaña.
Tab. 5. 56. - Prueba de Duncan para el contenido de aluminio cambiable (cmol (+)/kg) al final de la primera campaña.
Tab. 5. 57. - Análisis de varianza para el contenido de aluminio cambiable al final del experimento.
Tab. 5. 58. - Prueba de Duncan para el efecto del humus sobre el contenido de aluminio cambiable del suelo, al final del experimento.
Tab. 5. 59. - Prueba de Duncan para el efecto de la roca fosfórica sobre el contenido de aluminio cambiable del suelo, al final del experimento.
Tab. 5. 60. - Prueba de Duncan para el contenido de aluminio cambiable (cmol (+)/kg)) al final del experimento.
Tab. 5. 61. - Anova para pH del Suelo después de la enmienda.
Tab. 5. 62. - Prueba de Duncan de pH del Suelo después de la enmienda.
Tab. 5. 63. - Anova para pH del suelo después de cosecha de maíz.
Tab. 5. 64. - Prueba de Duncan de pH del suelo después de la cosecha de maíz.
Tab. 5. 65. - Análisis de varianza de pH después de Soya.
Tab. 5. 66. - Prueba de Duncan de pH del suelo después de Soya.
Tab. 5. 67. - Análisis de varianza de M. O después de la enmienda
Tab. 5. 68. - Prueba de Duncan de M. O (%) después de la enmienda.
Tab. 5. 69. - Anova de M. O después de la cosecha de maíz
Tab. 5. 70. - Prueba de Duncan de M. O (%) después de la cosecha de maíz.
Tab. 5. 71. - Análisis de varianza de M. O después de la cosecha de Soya
Tab. 5. 72. - Prueba de Duncan de M. O (%) después de la cosecha de Soya.
Tab. 5. 73. - Anova de P-disponible después de la enmienda

Tab. 5. 74. - Prueba de Duncan P-disponible (ppm) después de la enmienda.
Tab. 5. 75. - Anova de P-disponible después de cultivo maíz
Tab. 5. 76. - Prueba de Duncan de P-disponible (ppm) después de maíz.
Tab. 5. 77. - Análisis de varianza P-disponible después de soya.
Tab. 5. 78. - Prueba de Duncan de P-disponible (ppm) después de la Soya.
Tab. 5. 79. - Anova de K-disponible después de la enmienda
Tab. 5. 80. - Prueba de Duncan de K-disponible (ppm) después de la enmienda.
Tab. 5. 81. - Anova de K-disponible después de la cosecha de maíz.
Tab. 5. 82. - Prueba de Duncan de K-disponible (ppm) después de maíz.
Tab. 5. 83. - Anova de Ca-cambiable después de la enmienda.
Tab. 5. 84. - Prueba de Duncan de Ca-cambiable (cmol (+)/kg) después de enmienda.
Tab. 5. 85. - Análisis de varianza de Ca cambiable después de maíz.
Tab. 5. 86. - Prueba de Duncan de Ca-cambiable después de maíz.
Tab. 5. 87. - Anova de Mg-cambiable después de la aplicación de la enmienda
Tab. 5. 88. - Prueba Duncan de Mg- cambiable cmol (+)/kg) después enmienda
Tab. 5. 89. - Análisis de varianza de Mg-cambiable después de maíz
Tab. 5. 90. - Prueba de Duncan de Mg-cambiable después de maíz.

Tab. 5. 91. - Anova de Ca+Mg cambiable después de Soya.
Tab. 5. 92. - Prueba de Duncan de Ca+Mg cambiable después de soya.
Tab. 5. 93. - Anova de K-cambiable después de la aplicación de la enmienda
Tab. 5. 94. - Prueba de Duncan de K-cambiable después de la enmienda.
Tab. 5. 95. - Anova de K-cambiable después de la cosecha de maíz
Tab. 5. 96. - Prueba de Duncan de K-cambiable después de maíz.
Tab. 5. 97. - Análisis de varianza de K cambiable después de Soya.
Tab. 5. 98. - Prueba de Duncan de K-cambiable después de Soya
Tab. 5. 99. - Anova de Na-cambiable después de la aplicación de la enmienda
Tab. 5. 100. - Prueba de Duncan de Na-cambiable después de la enmienda
Tab. 5. 101. - Análisis varianza Na-cambiable después de maíz.
Tab. 5. 102. - Prueba de Duncan de Na-cambiable después de maíz.
Tab. 5. 103. - Anova de AL+H-cambiable después de la enmienda
Tab. 5. 104. - Prueba de Duncan de AL+H- cambiable después de la enmienda.

Tab. 5. 105. - Anova de Al+H-cambiable después de la cosecha de maíz.
Tab. 5. 106. - Prueba de Duncan de Al+H cambiable después de maíz.
Tab. 5. 107. - Anova de Al+H cambiable después de la cosecha de soya
Tab. 5. 108. - Prueba de Duncan de Al+H cambiable después de soya.

INDICE DE FIGURAS

Figura 1. 1.- La Amazonia peruana y sus divisiones.
Figura 1. 2.- Mapa de San Martín y sus áreas de potencial agrícola
Figura 1. 3.- Formación de "Shapumba" (*Pteridium aquilinum*), vegetación típica de suelos ácidos del Bajo y Alto Mayo.
Figura 4. 1.- Perfil de suelo de "shapumbal" en el bajo mayo
Figura 4. 2.- Referencia climática 1991-2001 en la región San Martín
Figura 4. 3.- Corte de shapumba
Figura 4. 4.- Arado del campo
Figura 4. 5.- Aplicación de enmiendas
Figura. 5. 1. - Rendimiento de maíz (primera campaña): A) bajo enmiendas aisladas de humus (HL) y roca fosfórica (RF, P_2O_5). B) bajo interacción de enmiendas de humus (HL) a dosis de 10, 15 y 20 t/ha, y roca fosfórica (RF, P_2O_5) a dosis de 100, 150 y 200 kg/ha P_2O_5.
Fig. 5. 2. - Rendimiento de cowpea: A) bajo enmiendas de humus (HL) y roca fosfórica (RF, P_2O_5). B) bajo interacción de enmiendas de humus (HL) a dosis de 10, 15 y 20 t/ha, y roca fosfórica (RF, P_2O_5) a dosis de 100, 150 y 200 kg/ha P_2O_5.
Fig. 5. 3. - Rendimiento de maíz (segunda campaña): A) bajo enmiendas de humus (HL) y roca fosfórica (RF, P_2O_5; B) bajo interacción de enmiendas de humus (HL) a dosis de 10, 15 y 20 t/ha, y roca fosfórica (RF, P_2O_5 a dosis de 100, 200 y 300 kg/ha de P_2O_5
Fig. 5. 4. - Rendimiento de soya: A) bajo enmiendas de humus (HL) y roca fosfórica (RF, P_2O_5; B) bajo interacción de enmiendas de humus (HL) a dosis de 10, 15 y 20 t/ha, y roca fosfórica (RF, P_2O_5 a dosis de 100, 200 y 300 kg/ha de P_2O_5
Fig. 5. 5. - Respuesta del rendimiento de maíz (A) y Soya (B) a nueve niveles de tratamiento con Ca+Mg (kg/ha).
Fig. 5. 6. - Evolución del pH del suelo en el ensayo de humus de lombriz y roca fosfórica, datos tomados después de la enmienda y tras la recolección del maíz.
Fig. 5. 7. - Cambios de MO en el suelo en el ensayo de humus de lombriz y roca fosfórica. Datos tomados después de la enmienda y tras la recolección del maíz.

Fig. 5. 8. - Evolución del fosforo disponible en el suelo en el ensayo de humus de lombriz y roca fosfórica. Datos tomados después de la primera campaña y al final de la experiencia.
Fig. 5. 9. - Cambios en la concentración de Ca + Mg en el suelo en el ensayo de humus de lombriz y roca fosfórica. Datos tomados después de la primera campaña y al final de la experiencia.
Fig. 5. 10. - Variaciones de Aluminio cambiable en suelo en respuesta a las dosis de cal evaluadas, al inicio, después de la cosecha de maíz y después de la cosecha de soya.
Fig. 5. 11. - Variaciones del pH del suelo en respuesta a las dosis de cal evaluadas, al inicio, después de la cosecha de maíz y después de la cosecha de soya.
Fig. 4. 12.- Evolución del contenido de MO (%) en el suelo tras distintas dosis de enmienda de magnecal desde la aplicación de la enmienda hasta la recolección de soya.
Fig. 5. 13.- Evolución del contenido fósforo (P, ppm) del suelo tras distintas dosis de enmienda de magnecal, desde la aplicación de la enmienda hasta la recolección de la soya.
Fig. 4. 14. -Evolución del potasio disponible (Kd, ppm) en suelo tras distintas dosis de enmienda de magnecal, desde después de la aplicación enmienda hasta la recolección de soya.
Fig. 5. 15. - Variación del calcio cambiable en respuesta a las dosis de cal evaluadas antes de la siembra y tras la cosecha soya.
Fig. 5. 16. - Variación del magnesio (cmol (+)/kg) en el suelo en respuesta a la enmienda de magnecal desde la aplicación hasta la recolección de soya.
Fig. 5. 17. - Variación del Ca + Mg cambiable en el suelo en respuesta a la dosis de cal evaluada después del cultivo de soya.
Figura 5. 18. Variación de potasio cambiable en el suelo, en respuesta a las dosis de cal al inicio, tras la aplicación de enmienda tras la cosecha de maíz.
Fig. 5. 19. - Variación del sodio cambiable en el suelo, en respuesta a las dosis de magnecal tras la enmienda y la recolección de maíz.
Fig. 5. 20. -. Variación del Al + H intercambiables del suelo, en respuesta a las dosis de magnecal, evaluadas antes de la siembra, tras la cosecha de maíz y tras la cosecha de soya.

yes

I want morebooks!

Buy your books fast and straightforward online - at one of world's fastest growing online book stores! Environmentally sound due to Print-on-Demand technologies.

Buy your books online at

www.morebooks.shop

¡Compre sus libros rápido y directo en internet, en una de las librerías en línea con mayor crecimiento en el mundo! Producción que protege el medio ambiente a través de las tecnologías de impresión bajo demanda.

Compre sus libros online en

www.morebooks.shop

KS OmniScriptum Publishing
Brivibas gatve 197
LV-1039 Riga, Latvia
Telefax: +371 686 204 55

info@omniscriptum.com
www.omniscriptum.com

Printed by Books on Demand GmbH, Norderstedt / Germany